金型が一番わかる

製品の品質と性能を決定する
ものづくりの原点

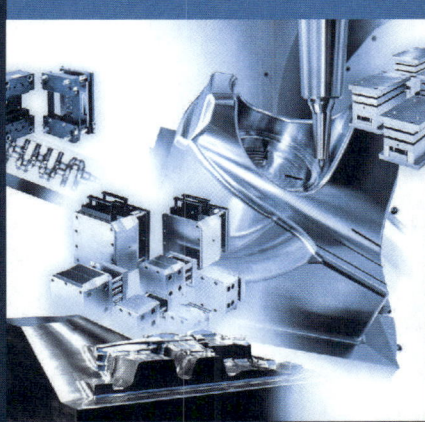

型技術協会 編

技術評論社

はじめに

　型技術協会に金型本の企画をいただき、型技術協会会員が中心となり複数の専門家によって、金型に関するわかりやすい本を執筆しようということになりました。
本書は、ものづくり、製造業に関心のある方、これからものづくり関連の勉強をする学生さん、型にかかわる技術者、開発者を志す方々へ型を知るための入門書として型技術協会会員が著したものです。

　電気・情報機器や自動車などの代表的工業製品は、多くの部品から構成されています。これらの部品のほとんどは、「型」を用い転写（コピー）によって形をつけるのが特徴です。それぞれの部品形状に応じた型を準備すれば、同じ形状の部品を効率良く生産できるので大量生産に適しています。部品の形をつくる方法には鋳造、鍛造、板金プレス、粉末冶金などの金属部品の製造法のほか、樹脂の射出成形やセラミック焼成まで多岐にわたっており、それぞれの加工法に応じた型が使用されます。

　現在、わが国の製造業の多くが海外に製造拠点を移し、日本からだんだん製造業が減っており、日本の金型産業界は停滞・縮小傾向を示しています。例えば、家電や情報機器などの筐体や部品生産用の金型は、その生産量がかなり減りました。金型産業は、力をつけてきたアジア諸国とのグローバルな厳しい価格競争に直面しており、以前のようには利益の出ない産業になっています。このような状況の中、日本の金型産業はほかの製造業と同じく、他国では真似のできない高度な生産技術開発で対抗していかなければなりません。

　また、韓国、中国、タイなどのアジア各国では金型学校が多く設立され、人材育成にも注力しています。わが国でも、ようやく金型関連の学科を教育する大学が設けられ始めていますが、圧倒的に少ないのが現状です。金型に関する入門書も最近良く見かけます。金型を知ってもらうには大変良いことだと思います。

　本書は、金型とその製品例、金型の用途、金型製作前の作業、金型製作のCAD/CAM、金型の作り方、金型材料、金型技術の今後から構成されています。それぞれの章は、その分野の専門家や技術開発者が担当して執筆しました。今までの金型の本には無い複数の著者によって専門的でしかも分かりやすくまとめました。ページの制約により、型の仕上げ・組み立て、型計測などは割愛しました。ほかの金型に関する本で補完していただければより一層「型」を理解していただけると思います。

　本書を通して、金型に興味をもっていただき、高度な技術開発ができる金型技術者の育成の一助になれば幸いです。

　おわりに、出版の機会をいただいた㈱技術評論社、編集に協力いただいたジーグレイプ㈱堀田展弘さんに感謝いたします。

2011年8月吉日　著者を代表して　安齋正博

金型が一番わかる
―― 製品の品質と性能を決定するものづくりの原点 ――

目次

はじめに…………3

第1章 金型とその製品例…………9

1 金型の機能…………10
2 金型で生み出される製品例①…………12
3 金型で生み出される製品例②…………14
4 金型で生み出される製品例③…………16
5 金型で生み出される製品例④…………18

第2章 用途別に使われる金型…………21

1 型の種類・型の呼び方…………22
2 プレス用金型…………24
3 プレス用金型（抜き型）…………26
4 プレス用金型（曲げ型）…………28
5 プレス用金型（絞り型）…………30
6 プレス用金型（圧縮型）…………32
7 鍛造用金型…………34
8 鋳造用砂型…………36
9 砂型の応用…………38
10 鋳造用金型…………40

CONTENTS

11　ゴム成形用金型⋯⋯⋯⋯⋯42
12　プラスチック用圧縮成形金型⋯⋯⋯⋯⋯44
13　プラスチック用射出成形金型⋯⋯⋯⋯⋯46
14　ブロー成形金型⋯⋯⋯⋯⋯48
15　ガラス用金型⋯⋯⋯⋯⋯50
16　真空成形金型・圧空成形金型⋯⋯⋯⋯⋯52
17　押し出し成形金型⋯⋯⋯⋯⋯54

第3章　金型製作前の作業⋯⋯⋯⋯⋯57

1　自動車の金型ができるまで⋯⋯⋯⋯⋯58
2　エコな自動車をつくるには⋯⋯⋯⋯⋯60
3　自動車の2大金型⋯⋯⋯⋯⋯62
4　自動車の工程設計⋯⋯⋯⋯⋯64
5　自動車のモデル設計⋯⋯⋯⋯⋯66
6　自動車の金型設計⋯⋯⋯⋯⋯68
7　バーチャルプラント⋯⋯⋯⋯⋯70
8　樹脂金型のプロセス⋯⋯⋯⋯⋯72
9　デザインフェーズ⋯⋯⋯⋯⋯74
10　金型構想⋯⋯⋯⋯⋯76
11　成形プロセス⋯⋯⋯⋯⋯78

第4章 金型製作を支えるCAD/CAM …………81

1 CADとは…………82
2 金型製作のプロセス例①（プラスチック用金型）…………86
3 金型製作のプロセス例②（プラスチック用金型）…………88
4 金型製作のプロセス例③（プラスチック用金型）…………92
5 金型製作のプロセス例④（プラスチック用金型）…………94
6 CAMとは（マシニングセンタ用CAMの例）…………100

第5章 金型製作 …………109

1 金型はどうやってつくるのか①…………110
2 金型はどうやってつくるのか②…………112
3 切削加工の基礎…………114
4 切削条件の要素…………116
5 NC加工とその特徴…………120
6 マシニングセンタによる金型加工…………122
7 放電加工による金型つくり…………124
8 ワイヤカット放電加工…………126
9 砥石による加工…………128
10 レーザによる金型加工…………130

CONTENTS

第6章 金型材料 ………… 133

1. 鉄と鋼① ………… 134
2. 鉄と鋼② ………… 136
3. 金型材料の製造 ………… 138
4. 金型材料の選び方 ………… 140
5. プラスチック成形用工具鋼 ………… 142
6. プラスチック成形用ステンレス鋼 ………… 144
7. 表面処理と溶接 ………… 150
8. 冷間用工具鋼 ………… 154
9. 粉末冷間用工具鋼 ………… 156
10. 熱間用工具鋼 ………… 160
11. ダイカスト用金型の熱疲労と溶損 ………… 162
12. 熱間用工具鋼の熱処理技術 ………… 166
13. 鍛造用工具鋼 ………… 168
14. 表面処理・改質技術 ………… 170

CONTENTS

今後の金型技術……………173

1 金型事情あれこれ①　これからの金型技術……………174
2 金型事情あれこれ②　バイオプラスチック……………176
3 金型に使用される新技術①　ホットランナー……………178
4 金型に使用される新技術②　樹脂圧力センサと樹脂温度センサ……180
5 金型に使用される新技術③　超臨界微細発泡成形……………182

用語索引……………184

**コラム｜目次**

世界の金型事情が分かる見本市……………20
究極の加工：減らない工具……………56
金型の自動化……………80
ラピッド・プロトタイピング（Rapid Prototyping）……………108
これからの金型加工：多軸マシニングセンタによる金型加工………132
金型の表面処理技術：DLCコーティング金型……………172

第 1 章

金型とその製品例

大量に製品をつくる際、金型はなくてはならないツールです。
この章では、様々な金型の種類と、
それによってつくりだされる製品例について説明します。

1-1 金型の機能

●金型とは？

　金型は大量の製品をつくるツールです。成形する部品形状が変化しない強靱性と耐久性が求められるため、「鉄鋼」が金型の素材として主に用いられています。金型は、金属でつくられた型（図1-1-1）を意味しています。

　鉄鋼は、炭素鋼（鉄と微量の炭素などが混合している金属材料）の俗称で、例えば、自動車、ショベルなど建設機械、ドライバ・スパナなど作業工具、鉄道車両など多くの工業製品の主要部品に用いられています。

　鉄鋼の主成分である鉄は、太古の昔から狩猟用鏃（弓で用いる矢の先端部）、武器、貨幣のコインなどに用いられてきました。この理由として、強靱で硬く、鋭い刃先などに最適な材料として認識され、しかも地球上で割合豊富な資源であり、入手が容易なことが挙げられます。

　金型は大量の製品をつくるツールと説明しましたが、もう少し具体的にいうと「製品における所定の形状を転写するツール」と表現でき、多様な成形方式と金型構造があります。これらの中から、現在多く用いられている成形方式を紹介します。

1) **鋳造型**（2-8～2-10参照）：金属材料を高温度の雰囲気炉（溶融炉という）の中で溶かし、液状化した状態で型に注入し、冷やして固形化した状態で取り出す方式です。鋳造型を用いた金属の成形方式は古い歴史があり、ローマ時代のコイン（貨幣・お金）、江戸時代の小判貨幣、奈良・鎌倉などの仏像があります。金属を溶かして、鋳造型の中に流し込んで金属製品を生産する方法を鋳造（casting）、鋳造で生産された金属製品のことを鋳物と呼んでいます。

2) **鍛造型**（2-7参照）：金属片を成形部（下型）に投入し、上下一体の金型成形部で加圧して変形（塑性変形という）させるのに用います。これら変形は、常温または高温状態で行いますが、常温で成形（鍛造）することを冷間鍛造、高温で成形（鍛造）することを熱間鍛造と呼ん

でいます。

3) **プレス型**（2-2 〜 2-6 参照）：金属板材のような素材を金型の成形部に供給し、上下一体の金型成形部で加圧して変形（塑性変形）させ、せん断（ハサミで紙を切断するのと同様な作用）で切り落とし、所定の形状を抜き加工する方式に対応した金型です。

●プラスチック製品を生み出す金型

私たちが日常最も多く目にする製品は、プラスチック製品ですが、後述するように多岐にわたる製品が金型で生み出されています。プラスチックの成形は、プラスチック（樹脂）をシート状にした素材から所定の製品形状に成形する「ブロー成形（2-14 参照）」「真空成形（2-16 参照）」、およびプラスチック（樹脂）を溶融状態にして金型に注入し成形する「押し出し成形（2-17 参照）」の3方式が代表的な成形方式になります。

図 1-1-1　身近な金型のたい焼き用フライパン

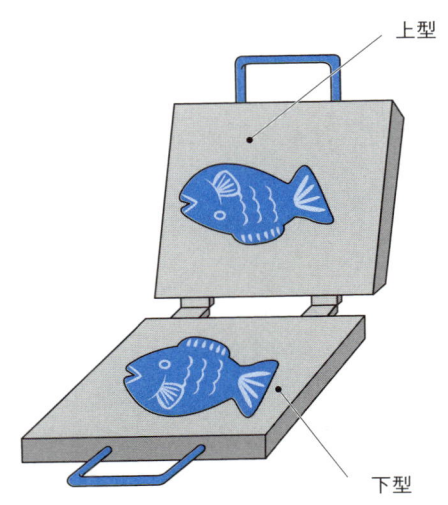

金型とは、主に鉄鋼を用いて製品に所定の形状を転写するツール
強靭性と耐久性が高いため、何度も利用できて大量生産が可能

1-2 金型で生み出される製品例①

●生活に必要な製品例

　最近では、健康維持に不可欠な水も購入して飲むことが多くなってきています。水はペットボトルと呼ばれるプラスチック容器で販売されていますが、この容器は水以外にも、お茶やジュースなど多くの飲料に用いられています。

　大小様々なペットボトルは、金型を使い、膨大な量が生産されています（図1-2-1）。ペットボトルは、ブロー成形という成形法で大量生産されます。ペットとは、ポリエチレンテレフタレートというプラスチックの頭文字（PET）から付いた俗称です。

　卵のパックは、プラスチックのシートを金型に挟んで加熱し、吸引する、真空成形という方法で成形加工されています。

　スーパーマーケットで惣菜を販売する時に使用される白い発泡スチロール製の食品トレーや納豆の容器も、金型を使用して真空成形や圧空成形（2-16参照）されます。プリンのカップ、シャンプーの容器、化粧品の容器など、多くのプラスチック容器も、同様に金型を使用して成形されています（図1-2-2）。

　スプーン、ナイフ、フォークなどの洋食器は、金型を使用して鍛造、さらにプレス成形加工で生産されています（図1-2-3）。これらの洋食器は、伝統的に新潟県の燕市周辺で多く生産され、これらに用いられる金型と成形技術の集積地として知られています。

　缶ビールのアルミ缶も、金型を使用したプレス加工で生産され、深絞りと呼ばれる成形方式（2-5参照）で薄肉の缶が成形されています。缶ビールが多くなり、今や少なくなっているビール瓶や、栄養ドリンクの茶色の瓶は、ガラス用金型（2-15参照）で生産されています。

図 1-2-1　金型で生産されるペットボトル

図 1-2-2　金型でつくられたプラスチック容器とその金型

図 1-2-3　金型でつくられた洋食器とその金型

1-3 金型で生み出される製品例②

●パソコン、プリンタなど通信機器例

　パソコンは、ほとんどが金型で製作された部品が使われています。多くのパソコン筐体部は、プラスチック成形で生産されていますが（図1-3-1）、一部のパソコンは、デザインの高級指向と薄肉化などから、アルミ合金を切削加工しているものもあり、製作方法の多様化が進んでいます。

　パソコンのキーボードのキートップ（押しボタン）は、射出成形金型（2-13参照）を使って、成形加工されています。キートップは、一度に12個や24個も成形加工できるよう工夫されています。キートップの中には文字と外形が別々のプラスチックで金太郎飴のような成形法（二色射出成形法という）でつくられているものもあります。

　パソコンの頭脳であるCPUは、黒い樹脂で覆われていますが、これは熱硬化性樹脂（図2-12-1参照）用の金型を使用して成形加工されています。CPUの中には、リードフレームというりん青銅や鉄－ニッケル合金の薄板を加工した部品が入っています。これはプレス順送金型という種類の金型を使用して大量生産されています。プレス加工のスピードは、金型の構造にもよりますが1分間に500～1000回程度もの高速加工が可能です。1000回／分のレベルになると、金型の動きは肉眼では確認できないぐらいの速さになります。

　パソコンの外部記憶装置に多く用いられているCD－ROMは、金型を使って射出成形されます。金型には、ステッパーと呼ばれる信号情報を記録した微細な溝が加工されているニッケル合金の部品が取り付けられています。1枚の成形加工に要する時間は、わずか4秒足らずという射出成形機も登場しています。また、これらのディスクを格納するケースも金型を使用して射出成形加工されます。

　パソコンに入力した各種データをプリントアウトするには、プリンタに接続して出力しますが、プリンタもプラスチック成形で製作した部品が多く用

いられています（図 1-3-2）。

図 1-3-1　金型でつくられるパソコン筐体部

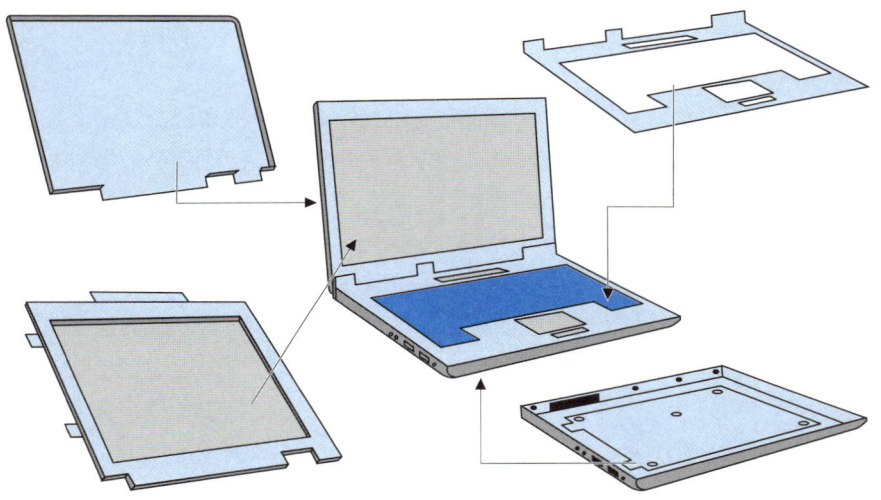

図 1-3-2　金型でつくられるプリンタ

（写真提供：ブラザー工業㈱）

1・金型とその製品例

15

1-4 金型で生み出される製品例③

●家電製品例

　家電のほとんどは金型によって生産されており、多種多様な金型と成形方式が適用されています。白物家電と呼ばれる冷蔵庫、洗濯機などは日本以外の近隣諸国で生産されることが多くなっており、同時に、金型生産は世界規模のグローバル化が進み、かつ金型生産期間も数週間以内と短納期化、低コスト化傾向が強まっています。

　TVは液晶ディスプレイが一般化し、偏光フィルタ、ガラス基板、光源など多層な構造になっており、プラスチック用金型、ガラス用金型に加え、光源(バックライト)がLEDになりつつあるため、新たに精密金型が必要になっています。TVのキャビネットは、射出成形で成形加工されており、TVの大型化傾向で大きなサイズの金型が用いられることが多くなっています。TV用リモコンのケースは、ABS樹脂などのプラスチックを射出成形して製作しますが、リモコンの押しボタンは、柔らかい材料でできており、多くの場合はゴム成形（2-11参照）で加工されています（図1-4-1）。

　冷蔵庫は、多くの金型による成形品が用いられており、内部の仕切り、野菜入れなど引き出しができる大型ボックス、内装などはプラスチック成形品、冷却装置を駆動させるための圧縮機（コンプレッサー）の回転羽根やケースは、アルミニウム合金で鋳造されています。鋳造は、鋳型で製作されますが、鋳型をつくるためには、鋳造用金型（鋳造用模型）が使用されています。

●医療用機器類の例

　医療用の使い捨てタイプのプラスチック製注射器も金型を使用して射出成形されています（図1-4-2）。試験管やシャーレ、点滴用注射針などもプラスチックで射出成形され、金型を使用するタイプのものが増えてきています。

　血液の分析、遺伝子の分析など医療分野の進歩は目覚ましく、これらの分析に用いる複雑で微細な溝を設けたガラスプレートは、特殊ガラス用金型で

量産されています。

図 1-4-1 金型でつくられる TV 用リモコン

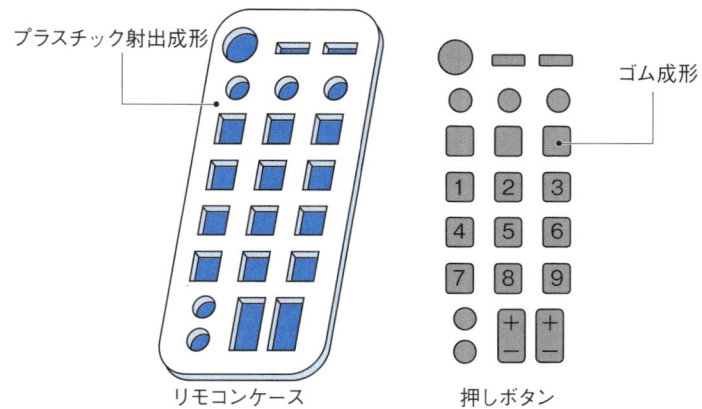

図 1-4-2 金型でつくられるプラスチック製注射器

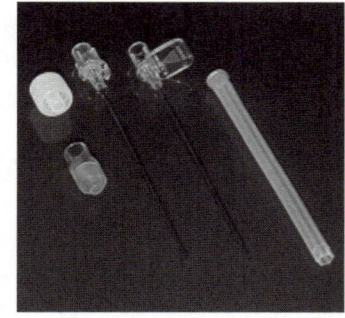
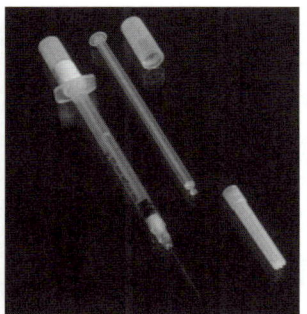
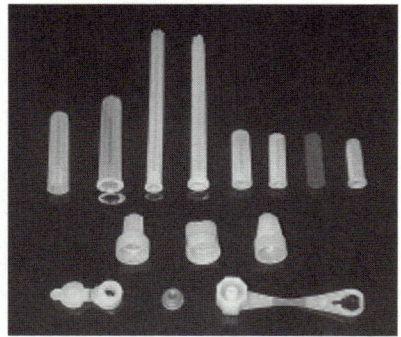

1-5 金型で生み出される製品例④

●自動車部品の例

　自動車のドア、天井、バンパーなどの外装は、鉄鋼の薄板をプレス加工してつくられています（図1-5-1）。自動車のプレス用金型は、プレス用金型では最大級の大きさになります。

　自動車のエンジンのシリンダブロックは、鋳造によってつくられています。もちろん鋳型をつくりますが、その時には鋳造用金型が使用されます。エンジン内部にはコネクティング・ロッドが使用されていますが、これは鍛造用金型によってつくられています。

　タイヤのアルミホイールは、ダイカスト用金型を使って、溶けたアルミニウム合金を金型の中へ注入して鋳造されます。

　自動車のフロントガラスは、ガラス用金型によって成形されています。バンパー、インストルメントパネルなどの内装品は、モジュール化（あらかじめ関連機能を一体化し、内装機能も組み込みした部分をモジュールという。最終組み立て作業を簡素化できるため、自動車はこの傾向が強まっている）が進み、プラスチック成形品は大型化しています（図1-5-2）。

●金型の果たす役割

　このように、普段のなにげない生活の中で使用されている道具や機械の多くの部品が、金型によって生産されています。

　金型を使用することによって、品質の良い部品が、安い価格で生産することができるようになります。また、部品の交換や修理も品質が安定しているため、全国どこででも簡単に行うことができます。

　日本の経済が、戦後急速に成長し、世界トップレベルの水準に到達できた背景の一つには、優れた金型の生産技術と日々の技術開発に勤しんだことが成果として結びついたという紛れもない事実があります。

　これからの社会でも、金型は、優れた品質の製品を安価に生産するために

多くの場面で使用されていくことになりますが、加えてリサイクルや環境への配慮などについての技術開発も活発に行われていくでしょう。

図 1-5-1　自動車フロントバンパー金型とその製品

自動車
フロントバンパー
金型と成形品例

図 1-5-2　自動車内装品の一体成形例

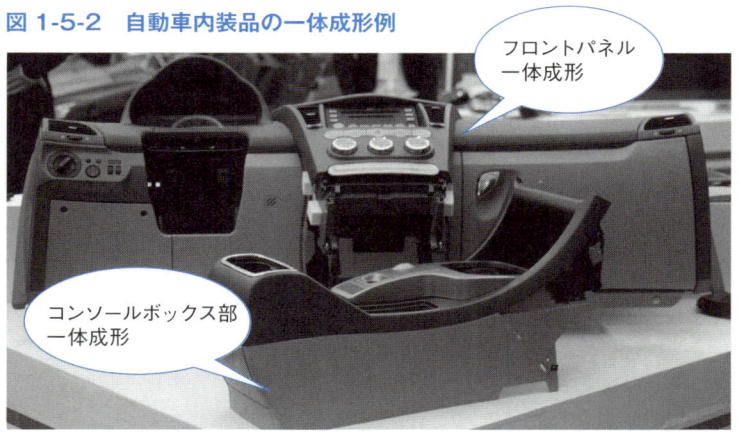

フロントパネル
一体成形

コンソールボックス部
一体成形

❗ 世界の金型事情が分かる見本市

　金型を実際に見てみたい時には、プレス機械やプラスチック射出成形関連の見本市に足を運ぶと良いでしょう。最新の金型事情、金型で生産された製品、最新動向などを見たり感じられたりすると思います。

　ところで、最先端の金型構造や金型関連技術はどこで見学するのが良いでしょうか。プラスチック金型に関連するものでは、通称、世界の三大見本市と呼ばれているビジネスショーがあります。

1) **K**

　ドイツ連邦共和国デュッセルドルフで3年に1回開催される。来場者総数100か国より約26万人。プラスチック関連の産業見本市では最大規模を誇る。プラスチックの成形機、金型、リサイクルなどヨーロッパを中心とした世界の最新技術が出展される金型技術者垂涎の見本市。

　Kとは、ドイツ語のKunststoff（プラスチック）、Kautschuk（ゴム）の頭文字が由来。

2) **NPE**

　アメリカ合衆国シカゴで3年に1回開催される。Kに次ぐ規模で、全米最大の見本市。米国、カナダを中心としたダイナミックなプラスチック技術や金型技術、コンピュータ応用技術が毎回出展される。

3) **IPF**

　International Plastic Fair。幕張メッセで3年に1回開催されるアジア最大規模の展示会。日本の金型関係者であれば是非足を運びたい。アジア諸国からの来場者も年々増加している。

第2章

用途別に使われる金型

製品の形や材質などにより、適した金型は異なります。
この章では、多種多様な金型と
その加工法について説明します。

2-1 型の種類・型の呼び方

●型の種類

　型は、金属、樹脂、ゴム、ガラスなどの材料を要求する形に成形するための道具です。古くは弥生時代に銅剣・銅矛・銅鐸などを製作するために石型（図2-1-1）が用いられ、奈良の大仏や鎌倉の大仏の製作では砂型が利用されました。現代の工業製品の多くは金型により製作されています。図2-1-2に示される石型、砂型、金型というのは、型の材料から分類した表現です。材料としては、石、砂、金属以外に、石膏（石膏型）や樹脂（樹脂型であり、ラピッドプロトタイピングで製作可能）も使われることがあります。

●金型の種類、ダイ・モールド

　銅剣・銅矛・銅鐸や大仏の製作では、溶かした金属を型（石型、砂型）に流し込み、固化したところで型から取り出し、製品を得る方法を用いており、このような製造方法を鋳造法といいます。図2-1-3は、製造方法をもとに分類した金型の種類を示しています。金型は、図2-1-3に示す製造法による分類以外に、ダイ（die）あるいはモールド（mold）という分類もあります。ダイは成形に使われる荷重が大きく、金属板（ブランク［blank］という）を成形する時に使用される金型の総称で、モールドは成形に使われる荷重が比較的小さく、樹脂製品や鋳物製品を製作する時に使用される金型の総称です。

●ダイ・パンチ、キャビティ・コア

　板材から一定形状を抜き取る場合には、抜き取る形状が穴になっている型とその穴に押し込む型が使われます。穴型をダイ、穴に押し込む型をパンチといいます。また、金属板材を成形する場合に、製品面と接する凹形状をした型と製品面の裏側面と接する凸形状をした型が使われますが、この場合の

> **解説** ラピッドプロトタイピング：積層造形法という材料を積層して製作する方法で、試作品を迅速につくる（P108参照）

凹形状の型をダイ、凸形状の型をパンチと呼びます。
　プラスチックで筐体製品を成形する場合に、筐体の製品面をもつ凹型と筐体の製品面の裏側をもつ凸型が使われますが、この凹型をキャビティ（cavity）、凸型をコア（core）といいます。

図 2-1-1　銅鐸製作用石型

（写真提供：茨木市立文化財資料館）

図 2-1-2　材料による型の分類

```
型の種類 ┬── 石型
        ├── 砂型
        └── 金型
```

図 2-1-3　金型の種類

```
型の種類 ┬── プレス用金型（抜き型、曲げ型、絞り型、圧縮型）
        ├── 鍛造用金型
        ├── 鋳造用金型
        ├── ダイカスト用金型
        ├── ゴム成形用金型
        ├── 樹脂型用金型
        │   （圧縮成形金型、射出成形金型、ブロー成形（中空成形）金型、
        │   　真空成形金型）
        └── ガラス用金型（押型、吹型）
```

2-2 プレス用金型

●プレス用金型の種類

　プレス用金型は金属薄板部品の生産に使用される金型です。国内の金型生産金額では半分近くを占めている金型です（図2-2-1）。

　金属部品は、様々な分野で多用されています。例えば、自動車部品、家電製品、電子部品の金属接点、洋食器、楽器、システムキッチンの流し台、バス用品、缶飲料容器、文房具、精密機械部品などがあります。これらの金属製の薄板部品を、力を加えて変形させて、必要な形状や寸法の部品をつくりだすのがプレス用金型です（図2-2-2）。力を加えて変形させることを塑性変形といいます。プレス用金型には、変形をさせるタイプによって以下のような金型の種類に分けられています。

1) **打ち抜き加工金型**（2-3参照）：金属板に穴を打ち抜いたり、切断したりします。
2) **曲げ加工金型**（2-4参照）：金属板をＶの字形や直角に曲げて変形させます。
3) **絞り加工金型**（2-5参照）：金属板を徐々に伸ばしていって、カップのような形状に変形させます。缶ビールの缶のつくり方です。
4) **圧縮加工金型**（2-6参照）：金属素材を金型で圧縮して成形します。
5) **接合加工金型**：２枚の金属板をリベットでカシメたりして接合します。

●プレス用金型の工程

工程によっては次のような分類があります。

1) **単工程型**：１種類の工程だけを行う金型です。パンチとダイで材料板を変形させます。
2) **トランスファー型**：トランスファープレスという機械を使って、２工

カシメ：凸形状部をその形状より小さな凹形状部に押し込む接合方法

程以上の加工を順々に行います。
3) **順送型**：フープ状になった金属板を金型内に順次送り出して、たくさんの工程でプレス加工できる金型です。日本は世界に誇る技術力があります。
4) **複合型**：複数の加工を同時に行う金型です。
5) **ファインブランキング型**：精密打ち抜き加工に用いられる金型です。

図 2-2-1　金型の生産金額（国内）

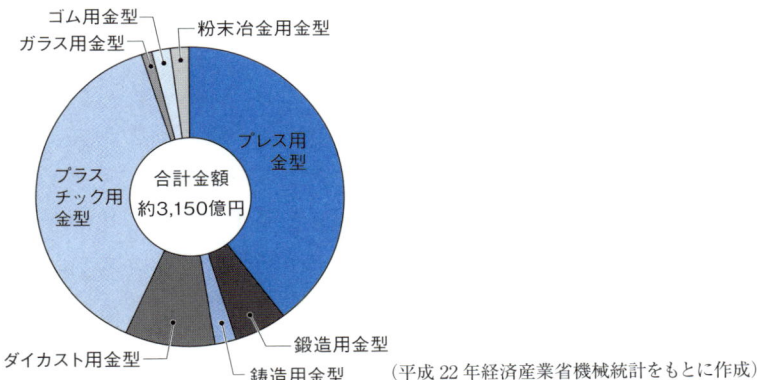

（平成22年経済産業省機械統計をもとに作成）

図 2-2-2　プレス用金型のしくみ

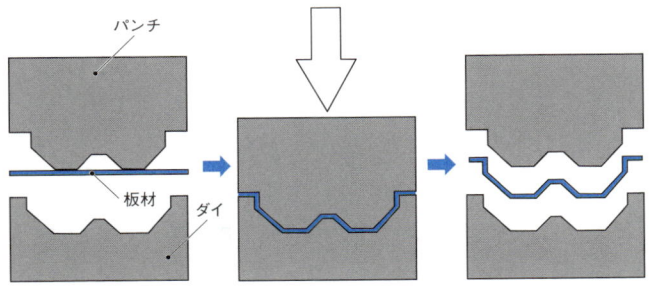

2-3 プレス用金型(抜き型)

●抜き型を使ったプレス加工

　図2-3-1は、厚さ0.15～0.5mmの薄板(電磁鋼板)を金型(ダイ、パンチ)で打ち抜き、カシメにより接合して製作したモータコアを示しています。このようにダイ(穴型)とパンチ(押し込み型)により、板材をダイの穴形状で抜き取り成形する加工方法があります(図2-3-2)。

　ダイの上に板材を設置し、パンチで打ち抜きを始める時、板材は図2-3-3に示すような変形を受けます。この時、ダイとパンチの切れ刃の距離(クリアランスという)の大きさが、打ち抜き力、切断面、形状精度に大きな影響を与えます。クリアランスが小さければ、切断面が綺麗になり形状精度も高くなりますが、打ち抜き力が大きくなります。また、クリアランスが大きければ、打ち抜き力は小さくなりますが、切断面がちぎられたようになり、形状精度も低下します。したがって、適正なクリアランスを設定することが重要です。

　図2-3-4は、板材の切断面を示しています。パンチが押し込まれ始めた時、材料は弾性変形そして塑性変形を生じます。この時の塑性変形でダレが発生し、さらにパンチが押し込まれると、パンチおよびダイの刃先より材料が切断(せん断)され、切断が進行するとクラック(割れ)が発生します。その後、パンチ側そしてダイ側から発生したクラックが生長し、クラックが接続する直前、すなわち短い幅で接続が残っている時にパンチが押し込まれ、引きちぎられて打ち抜きが完了します。クラックの接続により破断面は生成され、また引きちぎられる作用により、最後にバリが発生します。適正なクリアランスは、切断面において、せん断面が板厚の1/3～1/2の割合となっている時であるといわれています。

　クリアランスが小さいと、パンチ側とダイ側から発生したクラックが接続

解説 **弾性変形**：力を加えて変形させた後、その力を抜くと変形させる前に戻る性質を弾性といい、弾性による変形を弾性変形という

せず、再度、せん断面が形成されます。また、クリアランスが大きいとせん断面が小さくなり、破断面が大きくなります。ダレは滑らかな丸みをおび、せん断面は切れ刃によって切り取られた光沢があります。破断面は材料がむしり取られた状態、バリは材料が引きちぎられた状態となって現れます。

図 2-3-1　打ち抜き加工例

モータコア　（写真提供：㈱三井ハイテック）

図 2-3-2　抜き型のしくみ

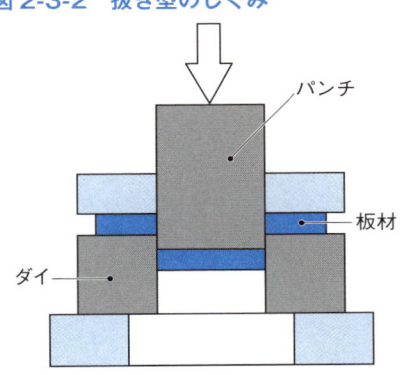

図 2-3-3　板材の打ち抜き加工

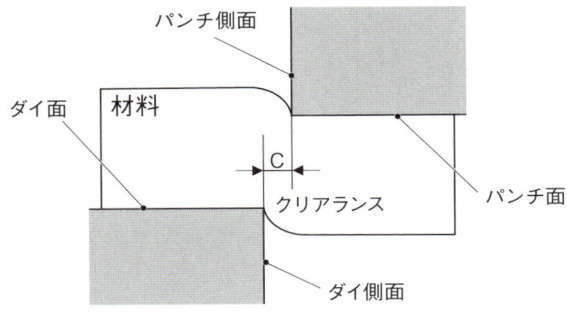

図 2-3-4　材料の切断面

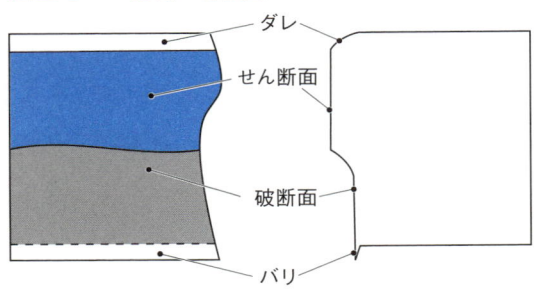

2-4 プレス用金型（曲げ型）

●曲げ型を使ったプレス加工

　図2-4-1は、曲げ金型により製作された製品例を示しています。図2-4-2は、曲げ型（パンチとダイ）による、V曲げ加工の状態を示しています。曲げ加工では、中立面においては圧縮応力も引張応力も受けませんが、中立面を境に、ダイ側では引張応力を、パンチ側では圧縮応力を受けます。その大きさは、中立面からの距離に比例して大きくなります。

　板材は、曲げ部において、板圧が減少することがあり、そのため中立面は必ずしも板材厚さの中心にならないことがあります。これにより、成形形状を単純に平面に展開した形状を素材形状とするのではなく、展開形状の導出にあたっては、経験式が用いられます。

　また、曲げ荷重（曲げ応力）を取り除いた後、曲げ角度がダイあるいはパンチの角度と異なってしまうことがあります。通常は、曲げ角度よりも開いてしまう現象となり、これをスプリングバックといいます。曲げ部に与えられた引張応力と圧縮応力の状態により、曲げ荷重を除去した時に、曲げ角度が小さくなることもあります。この現象をスプリングイン（スプリングゴー、スプリングフォワード）といいます（図2-4-3）。

　スプリングバックあるいはスプリングインにより発生する成型誤差を小さくするために、以下の方法が適用されます。

① 曲げ工程の最終段階で、角部だけに高い圧力を与える。この手法は、ストライキングとかコイニングといわれる。
② 曲げ部の内側にVノッチ（くさび）を形成し、曲げ加工を行う。
③ スプリングバック量を補正した金型形状を用いる。つまり、曲げ部角度をスプリングバック量分だけ小さくした金型を用いて成形する。成形後、スプリングバックにより角度が開いた時、要求角度になるよう金型形状を修正する。

　曲げ加工の種類は、形状によって、V曲げ、L曲げ、U曲げ、Z曲げ（2

辺の曲げで、曲げ方向が逆方向になるもの)、O曲げ、P曲げ (90°以上曲げる加工)、ねじり曲げ (材料の両端を逆方向にひねる加工) などがあります。

図 2-4-1　曲げ型により製作された製品例

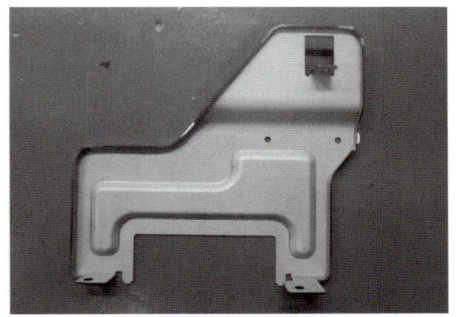

(写真提供：㈱荏原精密)

図 2-4-2　曲げ加工のしくみ

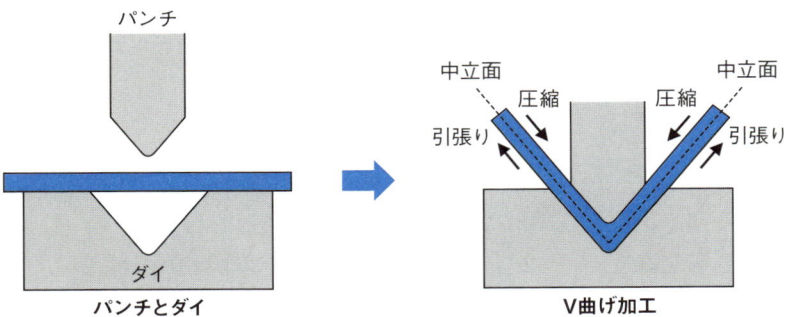

図 2-4-3　スプリングバックとスプリングイン

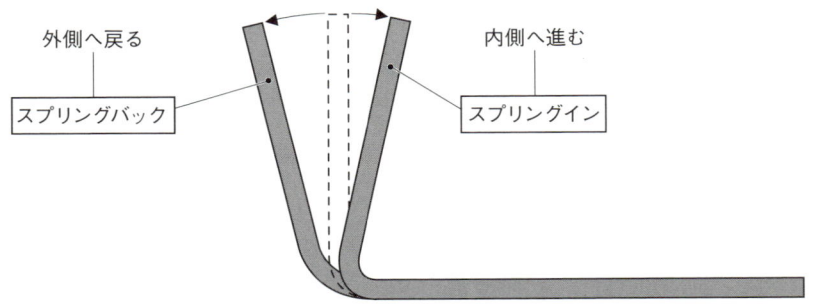

2-5 プレス用金型（絞り型）

●絞り型を使ったプレス加工

　図2-5-1は絞り金型により製作された製品例を示しています。このように絞り金型を使うことで、板材（ブランク）を容器形状に成形することができます。複数回に分けて絞り変形を与えることで、図2-5-2に示すような、大きな変形成形（深絞り加工）を行うことも可能です。

　絞り工程において、板材は押し込み方向に伸び変形します。

　板材を1回の成形で変形できる限界の目安として、絞り率が示されます。また、2回目以降の成形（再絞りという）で変形できる変形の限界として、再絞り率が示されます。図2-5-3に示すように、絞り加工において、ブランク直径D、パンチ直径dの時、絞り率mは次の式で得られます。

$$絞り率\ m = d\ /D$$

　絞り比は絞り率の逆数となるので、複数回で絞り成形を行う時、n回目の成形で得られた形状直径が dn で、n+1回目の成形で直径が dn+1 になった時、再絞り率 mn は、次の式で得られます（図2-5-4）。

$$再絞り率\ mn = dn+1\ /\ dn$$

　絞り加工では、絞り率、再絞り率を考慮して金型の設計を行わなければなりません。代表的な板材の絞り率、再絞り率を表2-5-1に示します。材質や材料硬度・加工硬化指数によりこの比率の調整が必要です。

　絞り加工の種類は、丸絞り（円筒形状に成形）、角絞り（角筒形状に成形）、逆絞り（円筒もしくは角筒に成形したものを逆方向に絞る）、異形絞り（円筒または角筒以外の形状の絞り）、張出し絞り（材料の伸びを利用した絞り）、口絞り（ネッキングともいい、円筒絞りやパイプなどの端部の形状を減少さ

せる）などがあります。

図 2-5-1　絞り型により製作された製品例

タンブラー
（写真提供：新越金網㈱）

図 2-5-2　深絞り工程

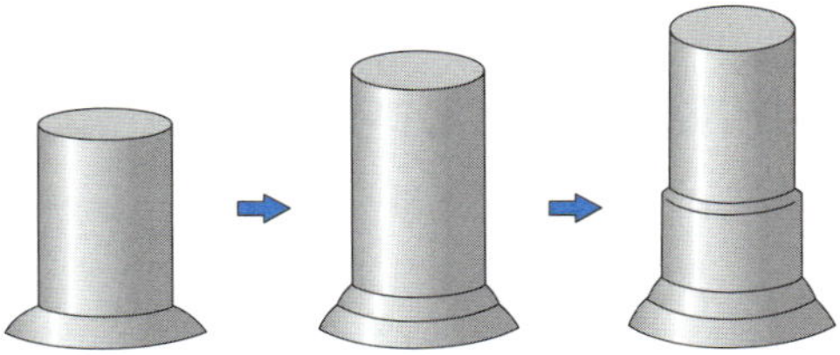

図 2-5-3　絞り率（絞り比）

図 2-5-4　再絞り率

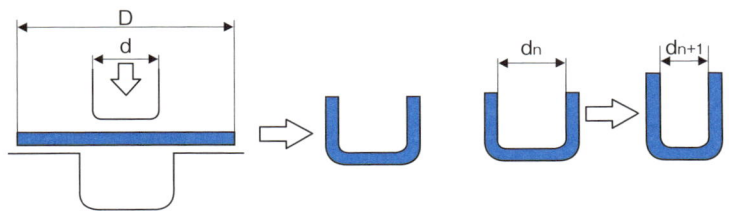

表 2-5-1　代表的な板材の絞り・再絞り率

材料	絞り率	再絞り率
絞り鋼板（SPCD）	0.55 〜 0.60	0.75 〜 0.80
ステンレス鋼板	0.50 〜 0.55	0.80 〜 0.85
アルミニウム	0.53 〜 0.60	0.75 〜 0.85

2-6 プレス用金型（圧縮型）

●圧縮型を使ったプレス加工

圧縮成形（図 2-6-1）の種類は、圧印加工（コイニングともいい、密閉した金型で強く圧縮し成形）、刻印加工（マーキングともいい、材料の表面に文字、マークを細い線で刻む）、前方押し出し加工（ダイとコンテナの内部に材料を密閉し、パンチの進む方向に材料を流動させて、ダイの穴形状に成形：図 2-6-2）、後方押し出し加工（材料をパンチで圧縮し、パンチとダイのすきま、またはパンチの内部に材料を流動させて成形：図 2-6-3）、据込み加工（アプセッティングともいい、棒状の材料を軸方向に圧縮成形し成形）、押し込み加工（インデイティングともいい、材料の一部にパンチを押し付け、くぼみをつける）、しごき加工（アイアニングともいい、絞り壁またはパイプの厚さを薄くしごいて表面をきれいに仕上げる）、スエージング（材料の輪郭を圧縮し横方向へ広げる）、ならし加工（サイジングともいい、材料をわずかに圧縮しひずみの除去または厚さ精度を向上させる）があります。図 2-6-4 は刻印加工（マーキング）の製品例を示しています。

図 2-6-1　圧縮型のしくみ

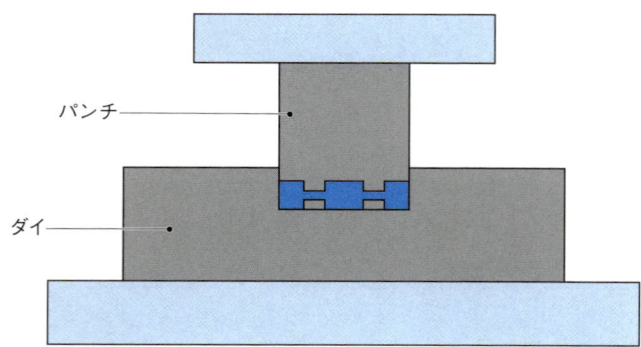

●押し出し加工でつくられるアルミサッシ

　アルミサッシは、前方押し出し加工の代表的製品です。アルミ合金の塊（ビレット）を約500℃に加熱し、強い圧力を加えてアルミサッシの断面形状の金型（ダイ）から押し出して、細長いアルミサッシ素材を成形します。図2-6-5は、前方押し出し加工で成形されたアルミサッシの断面を示しています。

図 2-6-2　前方押し出し加工のしくみ　　図 2-6-3　後方押し出し加工のしくみ

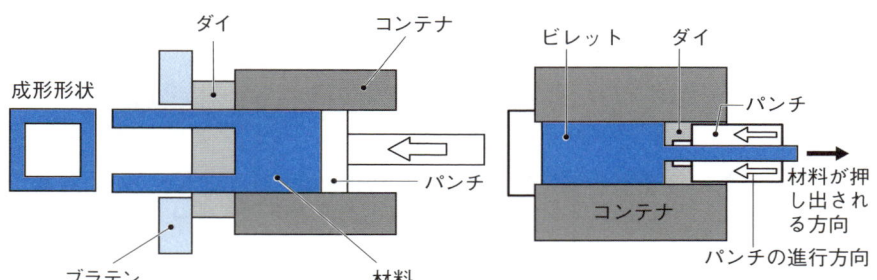

図 2-6-4　刻印加工（マーキング）

（写真提供：㈲角井製作所）

図 2-6-5　アルミサッシ断面形状

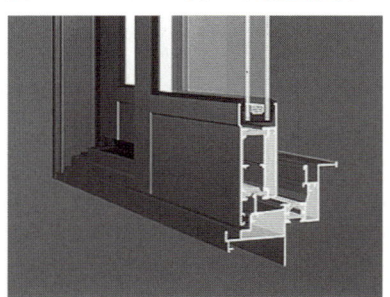

（写真提供：㈳日本建材・住宅設備産業協会）

2-7 鍛造用金型

●鍛造加工と鍛造用金型

　鍛造用金型は、金属製の厚肉部品を叩いて高圧を加え塑性変形させる鍛造加工で使用する金型です（図2-7-1）。エンジンのクランクシャフト、回転羽、歯車などの部品を生産する時に使われます。図2-7-2は、型鍛造により製作されたクランクシャフトを、図2-7-3は、クランクシャフトを製作するための鍛造用金型を示しています。

　鍛造加工には、熱間鍛造と冷間鍛造の2種類の製法があります。

　熱間鍛造は、素材金属をあらかじめ余熱し、軟らかくしておいてから金型で塑性変形させる鍛造です。加熱によって素材の展延性が良好となり、小さな力で変形させることができます。しかし、加温によって鍛造品の表面が変色したり、肌荒れが起きたりします。

　冷間鍛造は、室温で素材をそのまま金型を用いて塑性変形させる鍛造です。大きな力を必要としますが、素材の表面は加熱されていませんので変色や熱による影響は受けません。

　熱間鍛造は、高温に加熱された素材を成形するため金型表面も高温になり、摩耗が進行するので、熱間鍛造型の寿命は短くなります。また、冷間鍛造でも、常温で金属が変形する力を与えるため、大きな変形抵抗反力が金型に作用し、金型の摩耗が進行するため、寿命が問題となります。

　鍛造加工は金属を変形させることによって、金属内部の空隙欠陥をつぶし、結晶を微細化することにより、材料（素材）の強度を高めることができるので、大きな力が作用する機械部品には適しています。しかし、鍛造時に鍛造品の周囲には余分になった素材がバリとして付着しますので、後工程でバリを取り除かねばなりません。

　鍛造では、1回で最終形状をつくるのではなく、複数回の鍛造でだんだん最終形状に仕上げていく方法もあります。

図 2-7-1　鍛造用金型のしくみ

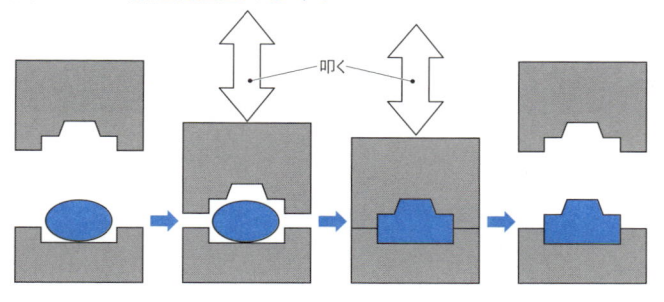

図 2-7-2　鍛造製品

クランクシャフト　　（写真提供：大同特殊鋼㈱）

図 2-7-3　クランクシャフト製作用鍛造金型

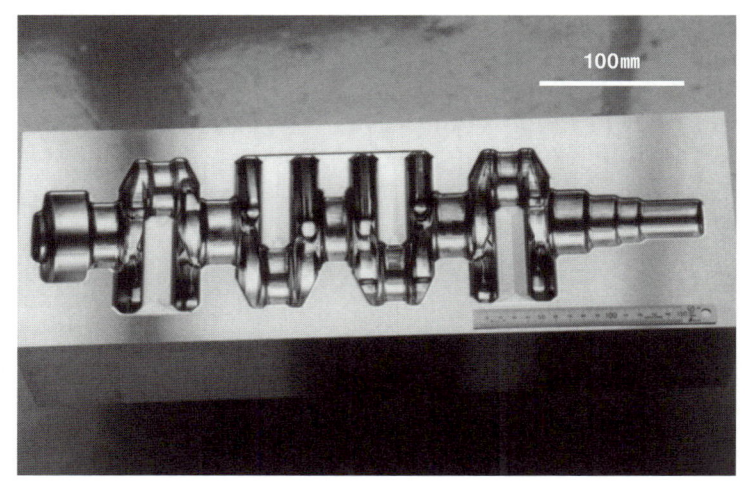

100mm

2-8 鋳造用砂型

●鋳型の種類

　鋳造とは、金属を溶かして型へ流し込み、冷えて固まった後、成形品を得る方法です（図2-8-1）。液化材料を流し込む型を鋳型といい、固化してつくられた成形品を鋳物といいます。鋳型には、石型、砂型、金型があります。石型は、古代、銅剣・銅矛・銅鐸などを製作する時に用いられましたが現在では使われていません。砂型は、鋳物の凝固速度が遅く鋳型の機械特性が低い反面、コストと製作期間の点で優れており、大型鋳物や少量生産に適用されています。金型は、コストが高くなる反面、高強度で耐磨耗性に優れており、多量生産の工業的用途に適しています。

●砂型をつくる型（マスタモデル）

　砂型をつくるための型のことをマスタモデルと呼んでいます。鋳造用の型（マスタモデル）は、従来は木でつくられており、木型と呼ばれていました。しかし、最近では、アルミニウム合金などの軽金属でつくられるようになり、これらを鋳造用金型と呼んでいます。鋳造用金型を用いて生産される製品には、自動車エンジンのシリンダケース、クランクケース、トランスミッションケース、コンプレッサーケース、羽、工作機械のベッドなどがあります。
　鋳造用金型は、主型用金型と中子用金型に大別されます。中子は、パイプの中空部を形成するような場合に用いられます。

●砂型による鋳造

　図2-8-2は、砂型による鋳造の状態を示しています。成形する形状はマスタモデルとなっていて、空洞部分をつくるために、マスタモデルは形状の最外を形成するラインで二つに分割されており、それぞれを木枠の底に設置し、その上に砂を入れ押し固めます。その後、マスタモデルを取り除き、下型の上に上型を設置し、砂の中に鋳物形状の空洞がつくられます。湯口部分から

溶けた金属（湯）を流し込む時（鋳込みという）、空洞内の空気を抜く必要があります。溶融金属が流れ込むと砂中の水分や不純物が水蒸気や各種ガスとなるため、それらを逃がすために上型にはガス抜き穴をつくります。金属は、固化する時は冷却過程にあり体積が収縮します。収縮の時、金属が入っていかないと収縮分の空洞ができることになるので、これを防止するために押し湯を形成します。

図 2-8-1　鋳造のしくみ

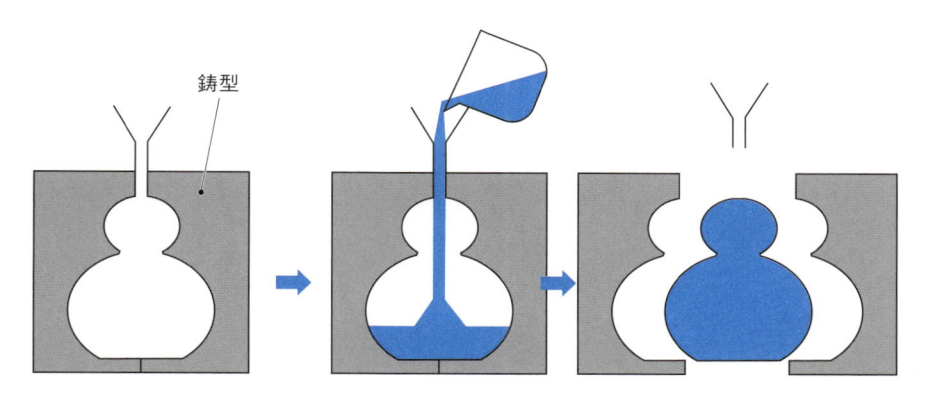

図 2-8-2　砂型による鋳造

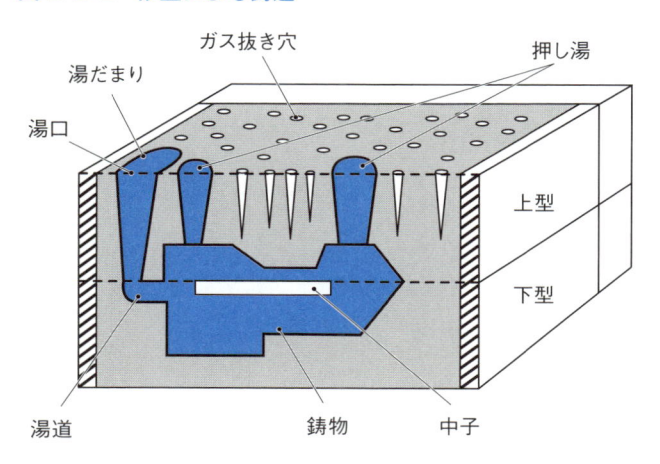

2-9 砂型の応用

●シェルモールド法とロストワックス法

　砂型製作用の砂は、一般的に、天然珪砂あるいは人造珪砂などに粘土を粘結剤として混ぜて用います。その使用にあたっては、粘結剤の混入割合や湿度の管理が重要です。

1）シェルモールド法

　図2-9-1に示すように、製作したい形状の金型モデル（製品と同じ形状）を加熱し、熱硬化性樹脂（図2-12-1参照）を粘結剤として混ぜた砂（レジンサンドという）で加熱した金型を覆うことにより、金型の熱で金型表面のレジンサンドが硬化し、殻（シェル）が形成されます。硬化した殻（シェル）の周りを砂で補強して鋳型を製造し、鋳造により鋳物を製造する手法をシェルモールド法といいます。シェルモールド法は、生砂による製造法に比べて、精密・緻密な鋳物を製造できますが、金型のマスタモデルが必要であり、木型や樹脂型に比べてコストが高く、製造期間が長くなります。

2）ロストワックス法

　図2-9-2に示すように、製作したい形状に対して凹凸が反転している形状の金型（凹形状、つまりモールド型）にロウを流し込み、製作したい形状のロウモデルを製作します。その後、液状粘結剤と耐火粉末の混合材であるスラリー内にロウモデルを浸し、スラリーをコーティングし乾燥します。このコーティングを数回繰り返し、一定厚のスラリーが形成された後、炉の中に入れ加熱してロウを溶かしだすことにより、ロウモデル形状が空洞の殻をつくります。このロウを溶かしだす工程からロストワックス法と呼ばれます。ロウモデル形状が空洞の殻を高温で焼き固め（焼結）て鋳型を成形した後、鋳型に溶融した製品金属を流し込み、鋳物を製作します。

　液状粘結剤と耐火粉末の混合材であるスラリーを使う場合には焼結工程が必要ですが、溶融金属の温度が高温にならない場合（アルミニウムや亜鉛など）には、スラリーの代わりに石膏を用いることも可能で、この場合には簡

易な工程で鋳物を製作できます。また、ロウモデルの代わりにラピッドプロトタイピングで製作された樹脂モデルの使用も可能です。

図2-9-1 シェルモールド法

レジンサンドで覆う

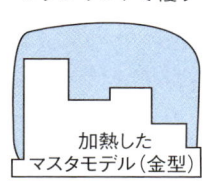

加熱したマスタモデル（金型）

⇓

硬化した殻（シェル）

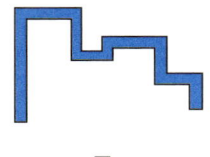

⇓

シェルを砂で囲い型をつくる

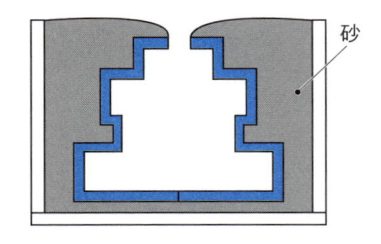

砂

図2-9-2 ロストワックス法

ロウモデル製作用金型

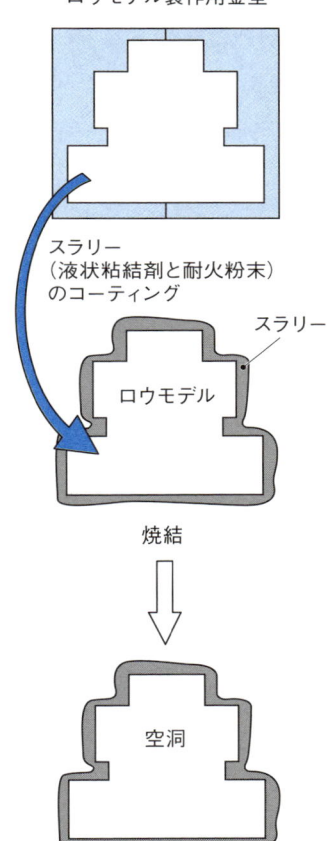

スラリー（液状粘結剤と耐火粉末）のコーティング

スラリー

ロウモデル

焼結

⇓

空洞

2・用途別に使われる金型

39

2-10 鋳造用金型

●重力鋳造用金型とダイカスト用金型

　金型内に溶融金属を流し込んで鋳物を製作する鋳造では、重力を利用して流し込む、金型重力鋳造法（金型グラビティー鋳造法）と、機械的な圧力を加えて流し込む、ダイカスト法とがあります。ダイカスト用金型はダイカスト成形機を使用します。

　金型重力鋳造法は砂型鋳造法に比べ、鋳造時の冷却速度が速いため、鋳物の表面（鋳肌）が美しく、寸法精度が高い密な鋳物を製作できます。砂型より金型製作のための費用がかかりますが、くり返し使用できるため高能率・多量生産に適しています。また、ダイカスト法は高圧を加えて流し込むため、薄物製品や複雑形状製品の高精度・精密で鋳肌面が綺麗な鋳造製品の製造が可能です。

　ダイカスト法は、アルミニウム合金、亜鉛合金、マグネシウム合金の鋳造に適用され、自動車エンジン用部品、バルブ部品、釣り用リール部品、カメラボディなどの製作に多用されています。

　金型重力鋳造法では、金型の構造は砂型とほぼ同じですが、鋳込みの時に空洞内の空気を抜くためのエアーベントを設ける必要があります。ダイカスト法では、圧力を付与するために全体の構造が複雑になります。例えば、溶融金属を流し込む圧力に耐える力で金型を締め付ける機構や、溶融金属圧力を加える機構が必要です。

●ダイカスト法の種類

　図2-10-1に示すように、溶融金属に圧力を加える時、溶融した金属を容器（スリーブ）に入れ圧力を加える方式（コールドチャンバー方式という）と、図2-10-2に示すように、溶融容器の中で圧力を加える方式（ホットチャンバー方式という）があります。ホットチャンバー方式は、コールドチャンバー方式に比べ、溶融金属を注湯する必要がないため、鋳造サイクルを速くできま

す。コールドチャンバー方式では、溶融金属に圧力を加える時、容器（スリーブ）内の空気も一緒に流し込んでしまうため、これが欠陥の原因となりますが、ホットチャンバー方式では、空気の巻き込みがないため、欠陥の少ない鋳物（ダイカスト）の製作が可能です。しかし、装置は大がかりになります。

図 2-10-1　コールドチャンバーダイカスト

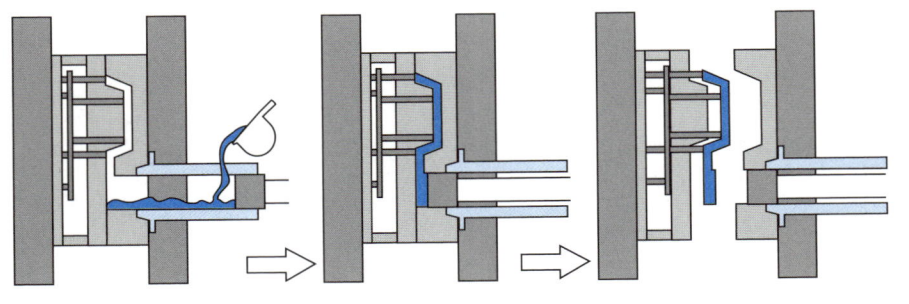

溶融金属をスリーブに注湯する　　　圧力を加える　　　金型を可動させ、製品を取り出す

図 2-10-2　ホットチャンバーダイカスト

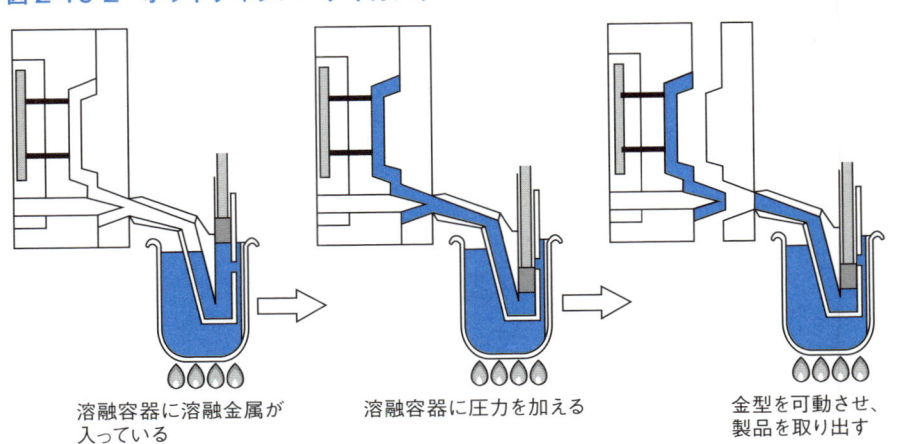

溶融容器に溶融金属が入っている　　　溶融容器に圧力を加える　　　金型を可動させ、製品を取り出す

41

2-11 ゴム成形用金型

●ゴム成形用金型の種類

　ゴム成形用金型は、自動車のタイヤ、ゴムボール、靴底、哺乳瓶用乳首、パッキンなどのゴム成形品を生産するために使用される金型です。

　ゴムは、弾力性に富み、変形が自由で、ショックを吸収するなどの特徴があり、様々な分野で利用されています。ゴムには、天然ゴムと合成ゴムがあります。ゴムは、そのほとんどが熱硬化性で、金型内でゴムを加熱することにより化学反応を起こさせて固めます。

　ゴムの代表的な成形法には次の3種類があります。

　1）**コンプレッション法**（図 2-11-1）

　ゴム成形用金型のほとんどはこの方法で使用されます。金型は、上型と下型に分かれていて、下型の中にゴム原材料を入れます。そして、上型を閉じて、加硫という処理でゴムを固めていきます。自動車やバイクのタイヤや運動靴の靴底はこの方法で成形されています。

　2）**インジェクション法**（図 2-11-2）

　金型内にゴム材料を射出成形機から射出充填して固化させる方法です。射出成形機はゴム専用の特殊な可塑化装置と射出装置が必要になります。

　3）**トランスファ法**

　金型にポットとプランジャーを設けて、ゴム材料を金型内部へ注入します。簡易的なインジェクション成形（射出成形）ともいえます。比較的、生産数量の多い製品や精度の必要な部品をつくるために使用されます。

　ゴム成形用金型は、ゴムを固める際の金型の温度を均一にする工夫や、ゴムから発生するガスを抜くガスベント構造、あふれ出したゴムがバリになるので、これを処理する工夫などが必要になります。

　最近では、ゴム状の弾性をもった熱可塑性樹脂（図 2-12-1 参照）が登場し、

解説　**加硫**：ゴムを加工する際、弾性や強度を向上させるために、硫黄などを加えること

熱可塑性エラストマーと呼ばれています。熱可塑性エラストマーは、通常の射出成形機で成形加工が可能です。ボールペンのグリップエンド、スポーツ用品、防水シールなどに多用されるようになってきました。

図2-11-1 コンプレッション法

図2-11-2 インジェクション法

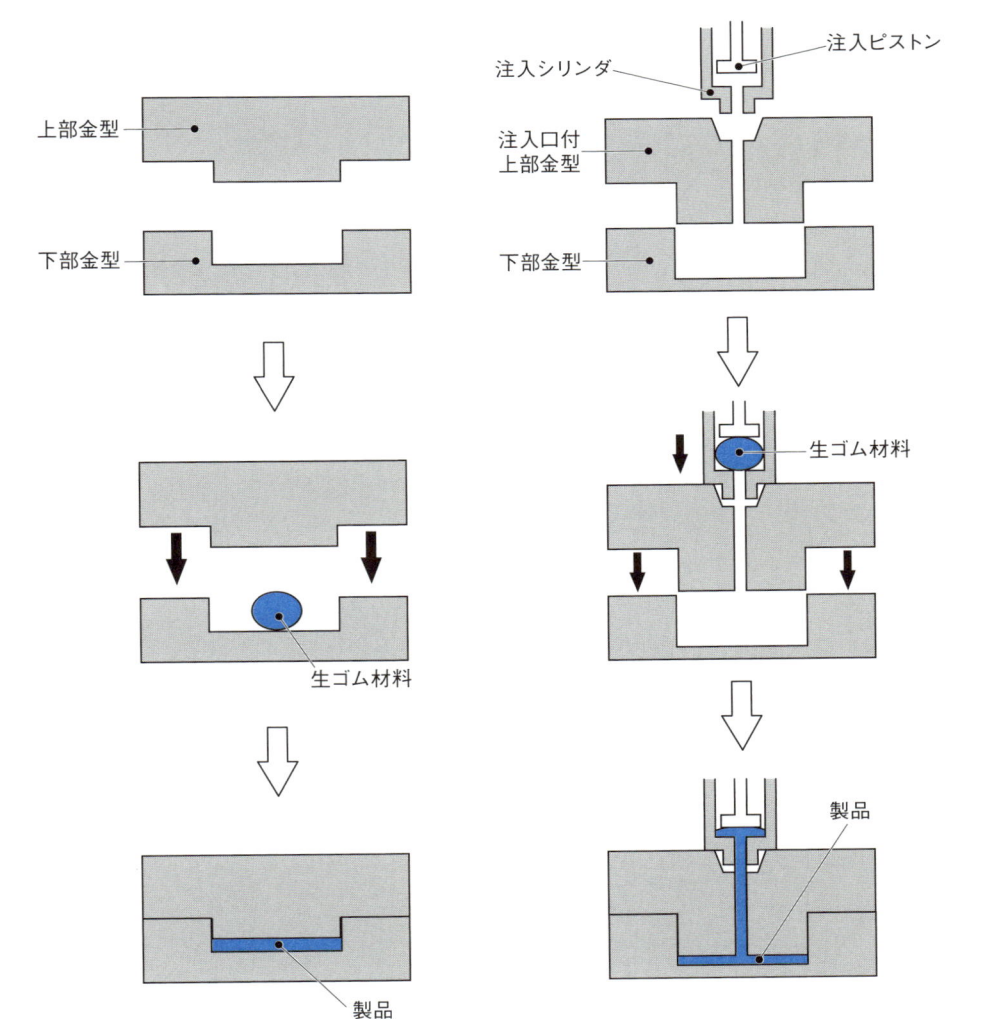

2-12 プラスチック用圧縮成形金型

●プラスチック用圧縮成形金型の構造

　プラスチック用圧縮成形金型は、熱硬化性樹脂（メラミン樹脂やフェノール樹脂など：図 2-12-1）を成形加工するための金型です。メラミン食器、ボタン、電気部品などの成形に使用されています。加熱する部品や食器などに熱硬化性樹脂は好適な物性をもっていますので、熱可塑性樹脂では対応できない用途で採用されています。

　圧縮成形金型は上型と下型からなり、下型のキャビティ部に材料（樹脂）を投入し上型を閉じてから、金型を熱硬化性樹脂の成形温度に加熱（フェノール樹脂の場合、約170℃）して樹脂を加圧します。樹脂は加熱により軟化し、加圧により金型内を流動して成形形状に変形されます。その後、冷却して化学変化で固化させます（図 2-12-2）。

●プラスチック用圧縮成形金型の特徴

　材料（樹脂）は金型内を流動するだけなので、材料に作用する力が小さく、成形品のひずみ（そりなど）が小さくなります。型圧で成形するため形状精度も高く、また、樹脂を流し込む機構および樹脂を流し込むゲートが不要で、成形機および金型の構造が単純なため、設備・金型の費用を低くできます。

　金型に入れる樹脂の量が正確でない場合、あふれ出てバリを形成するか、あるいは完全形状を形成しなくなります。通常、多めの樹脂を投入し、バリを後処置で除去します。

　熱硬化性樹脂は硬化する時、水、アンモニア、ホルムアルデヒドを発生することがあるので、成形品の内部あるいは表面に存在すると欠陥品を成形することになるため、加圧する前にガス抜き（エアベントや型開きアクションによって、金型の外部へ排気する）の操作が必要です。そのため、樹脂の投入の自動化が難しいうえ、硬化時間が長く、効率的な成形は難しいです。高精度の大量生産が必要な場合には、トランスファー成形法という専用成形機

を用いて、専用金型で連続成形します。

図2-12-1　熱硬化性樹脂と熱可塑性樹脂

熱硬化性樹脂

熱

熱硬化性樹脂

熱を加えると一瞬、溶解するが、化学変化で硬化。その後、熱を加えても溶解しない

熱可塑性樹脂

熱

熱可塑性樹脂

熱を加えると溶解する。何回も繰り返し使える

図2-12-2　樹脂の圧縮成形プロセス

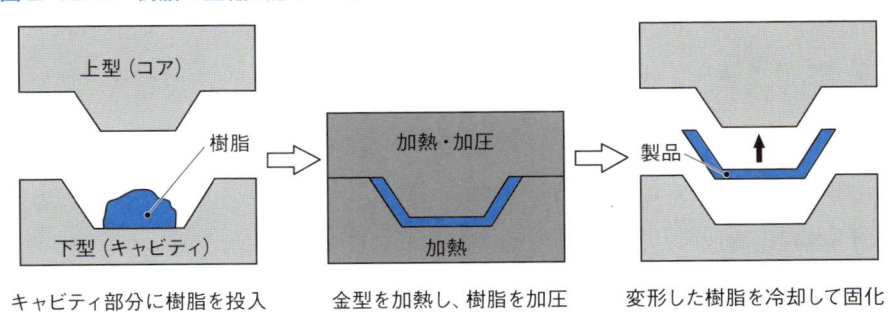

上型（コア）
樹脂
下型（キャビティ）
キャビティ部分に樹脂を投入

加熱・加圧
加熱
金型を加熱し、樹脂を加圧

製品
変形した樹脂を冷却して固化

45

2-13 プラスチック用射出成形金型

●プラスチック用射出成形金型の特徴

　プラスチック用射出成形金型は、熱可塑性樹脂を射出成形加工するために使用する金型で、金型の生産金額の約半分を占めています（図2-2-1参照）。

　プラスチック射出成形法の特徴は、バリを発生させずに大量生産できる点にあります。低コストで高品質の成形品を短時間で大量生産できます。自動車部品、電子部品、家電部品、精密機械部品、OA機器部品、食品容器、医療用具、文房具、建材、船舶、航空機、宇宙部品など広範囲に使用されています。金型の大きさは、マイクロマシンに使用する微細な成形品用のサイズから、モーターボートやユニットバスなどの超大型成形品まで幅広いサイズがあります。また、1個取り金型から216個取り金型まで、1回の成形加工で取れる成形品の数もバラエティに富んでいます。

　金型は、通常は固定側と可動側に分割され、金型が開いて成形品を取り出します（図2-13-1）。

　金型の寿命は、数10ショットから300万ショットに至るまで、成形品の性格によって異なります。求める金型の寿命や品質から、金型のキャビティ、コアに使用する特殊鋼の選定をします。特殊鋼の特徴によって、耐磨耗性が優れたり、鏡面特性が得られたりします。鋼材は熱処理をして硬度を高くする場合もあります。場合によっては超硬合金やアルミニウム合金を部分的に使用することもあります。

　プラスチック用射出成形金型では、キャビティ、コアの表面温度の制御が重要で成形品の生産性や品質安定性に大きく影響します。したがって、金型の温度制御設計がこれからは大変重要になります。

　また、コールドランナー金型（樹脂を流動させる流路（ランナー）がある金型：図2-13-2）ではスクラップが発生するので、材料歩留まりが悪くなり、ランナーは産業廃棄物になります。ランナーを砕いて再利用をする工夫も必要になります。

一方、ホットランナー金型（7-3参照）では金型内に加熱ヒーターを内蔵させてスクラップレス成形が可能です。これからはホットランナー金型の採用も増えていくと考えられます。

図2-13-1　1個取り金型の射出成形（インジェクションモールディング）

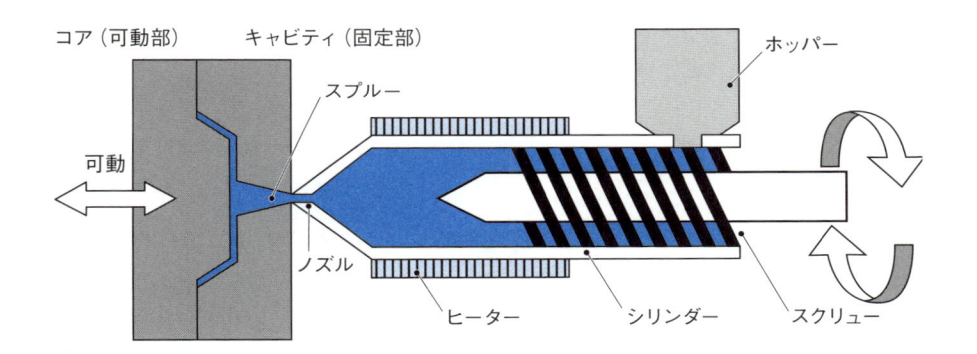

コア（可動部）　キャビティ（固定部）　　　　　　　　　　ホッパー
　　　　　　　　スプルー
可動
　　　　　　　　ノズル
　　　　　　　　　　　ヒーター　　シリンダー　　スクリュー

①熱可塑性樹脂をホッパーからシリンダーに入れ、スクリューでノズル方向へ移動
②ヒーターで溶融した樹脂をノズルから金型へ射出
③冷却後、金型を稼働させ、製品を取り出す

図2-13-2　射出成形金型（2個取り）内の構造

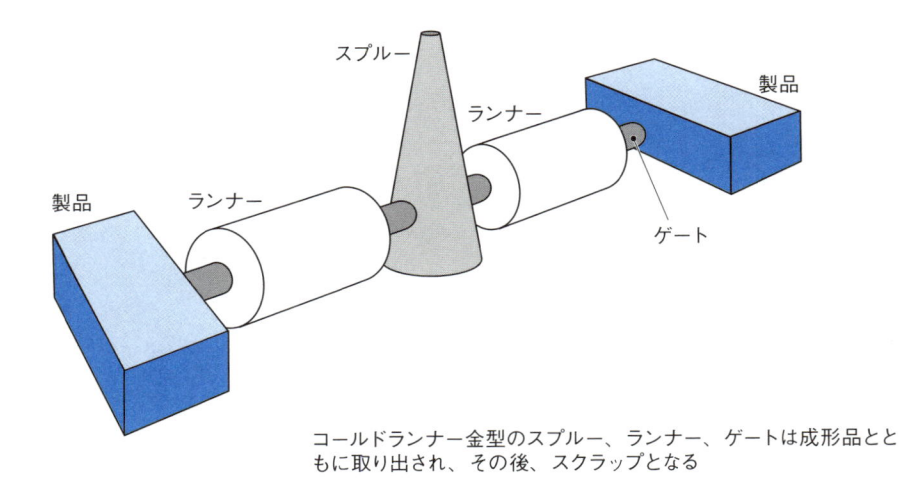

スプルー
　　　　ランナー
　　　　　　　　　　　　　　製品
製品　ランナー
　　　　　　　　　　　ゲート

コールドランナー金型のスプルー、ランナー、ゲートは成形品とともに取り出され、その後、スクラップとなる

2-14 ブロー成形金型

●ブロー成形

　ブロー成形は、ペットボトル（PET：ポリエチレンテレフタレート樹脂）の成形法に代表されるプラスチック中空成形品の生産に使用される成形法です。ペットボトルのほか、薬ボトル、食品容器、洗剤容器など多方面で大量生産がなされています。

　ブロー成形では、ブロー成形機という専用成形機を使用します。ペットボトルの成形では、コールドパリソンというボトルの原型となる射出成形品（試験管のような形状）をブロー成形金型の中に取り付け、成形機から温風を吹き付けてパリソンを膨らませ、金型のキャビティ形状に転写させます（図2-14-1）。ポリエチレンテレフタレートは熱可塑性なので、温風を吹き付けると軟化し、素材を膨らませて金型形状に成形します。冷えて硬くなったら、型を割って製品を取り出します。パリソンに空気を吹き込んで膨張させる時、大きく膨張した部分は肉厚が薄くなり強度が弱くなります。そのため、パリソンを膨張させる時は、膨らみに応じてパリソンを押し込む速さを調整し、ほぼ均一の厚さにします。

　一方、シャンプー容器のようなボトルでは、ダイレクトインジェクションブローという成形法が用いられています。この方法は、金型の中にプラスチックを射出して、そのまま温風を吹き付けて膨らませる方法です。

　ブロー成形金型を用いると、ペット樹脂、ポリプロピレン、ポリエチレン、ポリ塩化ビニル、ポリカーボネイト、ポリ乳酸などの樹脂で中空容器を成形することができます。

●ブロー成形の注意点

　ブロー成形用の金型は、鋳鉄、アルミニウム、特殊鋼などが使用されています。金型の冷却や温度コントロールが重要なので、冷却水路の設計には工夫が必要です。所望の成形品を得るためには金型の設計だけではなく、パリ

ソンの設計にも工夫が必要になります。温風の吹き付け条件、温度、圧力などの最適化も必要です。

　ブロー成形では、内容物と外気との空気の遮断（ガスバリアー性）が必要である場合には、ガスを遮断する樹脂を内層に備えたり、加温に対応するためにボトル表面にコーティングしたり、様々な応用技術が開発されています。

　また、ブローボトルは使い捨て用途が多いため、廃棄後の環境負荷増大が懸念されており、植物由来・生分解性プラスチックボトル（7-2参照）の採用などが欧米で始まっています。

図 2-14-1　ブロー成形のしくみ

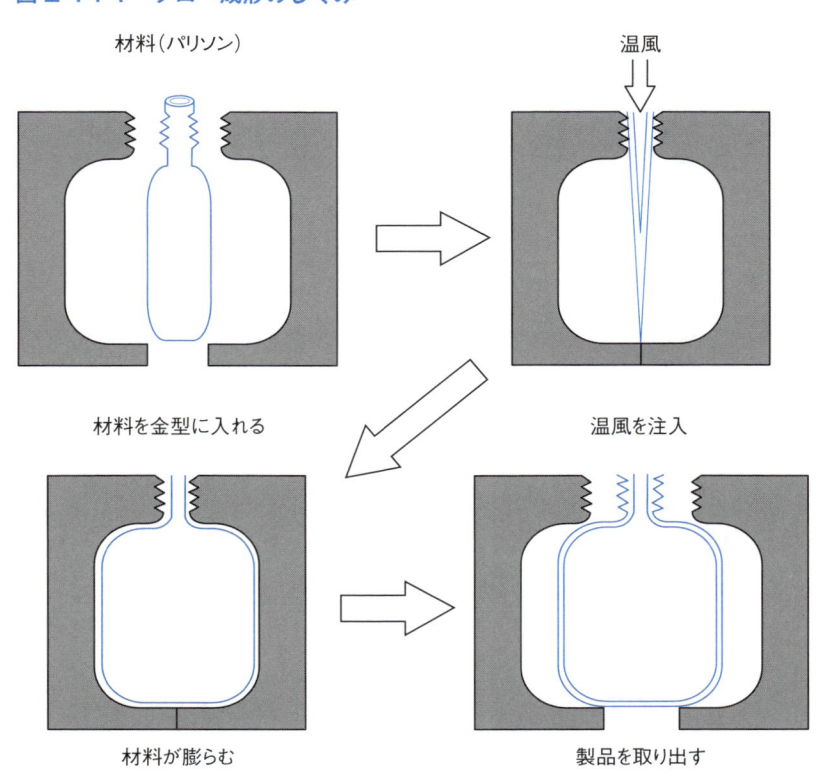

材料（パリソン）　　　　　　　　　温風

材料を金型に入れる　　　　　　　温風を注入

材料が膨らむ　　　　　　　　　　製品を取り出す

2-15 ガラス用金型

●ガラス用金型を使った加工法

　ガラス用金型は、ガラス瓶や照明器具部品、レンズ、食器類、薬瓶、試験管、灰皿などのガラス製品を成形するための金型です。

　ガラスは、透明で強度がある素材として様々な分野で使用されています。しかし、ガラスを塑性加工するためには、高温で軟化させなければならず、加工が困難な材料でもあります。そのようなガラス製品でも金型を使用すれば大量生産することができます。

　ガラス用金型には、大きく分けてブロー型とプレス型の2種類の製法があります。ブロー成形法は、溶けたガラスの中に空気を吹き込んで風船のように膨らませて成形する方法です（図2-15-1）。プレス型は、溶けたガラスを金型の中に押し込んで固めて成形します（図2-15-2）。

●ガラス用金型の特徴

　ブロー成形は一般的に全自動製瓶機でボトルを生産します。ビール瓶、栄養ドリンク瓶、薬瓶などはこのような方法で大量生産されます。ガラス瓶の先端部分は、一般に胴の部分よりも細くなっていて、しかも、ねじが加工されています。このような形状を成形するため、金型は、①主型部分、②口型部分、③底型部分、3つの分割構造でつくられています。

　ガラス瓶の肉厚を均一に仕上げ、美しい表面を得るためには、ノウハウが必要で、金型のデザイン、形状、冷却構造などを工夫します。

　ガラス瓶の成形加工では、ISM（Individual Section Machine）が使用されています。

　ガラス用金型も高温になりますので、高温に耐えられる鋼材や表面処理が使用されています。

> **解説** **ISM**：独立セクション型機械（Individual Section Machine）。溶融ガラスの塊を各セクションで加工していき、ボトルを成形する

図 2-15-1　ガラス用ブロー成形金型

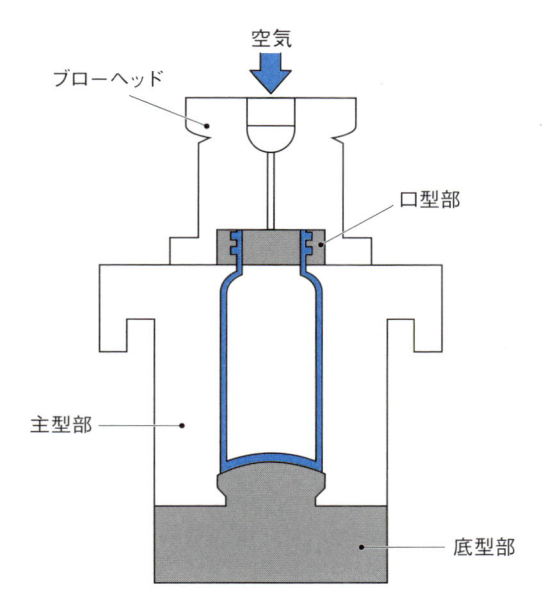

- 空気
- ブローヘッド
- 口型部
- 主型部
- 底型部

図 2-15-2　ガラス用プレス成形金型

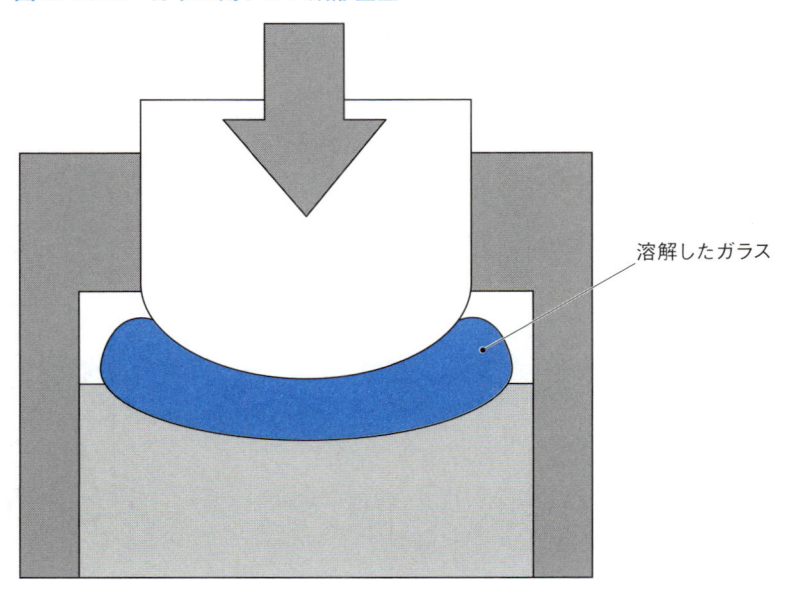

- 溶解したガラス

2-16 真空成形金型・圧空成形金型

●プラスチックシートを変形させる金型

　真空成形はプラスチック（樹脂）シートを素材として用います。加熱しておいた金型に素材を挟んだ後で、金型内に備えれられている吸気孔から真空吸引を行って、シートを金型キャビティ形状に熱変形させる成形法です（図2-16-1）。この成形法によって卵パック、プラスチックカップ、プリンカップなどが成形されています（図2-16-2）。

　一方、圧空成形とは、空気の力でプラスチックシートを変形させる点では真空成形と同じですが、真空吸引ではなく圧縮空気を吹きつけて行います。

　これらの成形法は、食品パッケージや包装パッケージでは世界的に多用されています。

●真空成形金型・圧空成形金型の特徴

　この方法で使用されるプラスチック素材には次のようなものがあります。
① ポリスチレン
② 発泡スチロール
③ 硬質ポリ塩化ビニル
④ ポリプロピレン
⑤ ポリエチレンテレフタレート（PET樹脂）
⑥ アクリル
⑦ ポリ乳酸（植物由来・生分解性プラスチック）

　真空成形金型・圧空成形金型の特徴は、凹型（キャビティ）だけを必要とし、凸型（コア）を必要としない点です。金型の素材は、アルミニウム合金や亜鉛合金、黄銅などの軟質金属で製作が可能です。

　金型は空気を吸引する孔を適切に加工しなければなりません。また、冷却水の循環孔も適切に配置をする必要があります。

図 2-16-1　プラスチック用真空成形金型

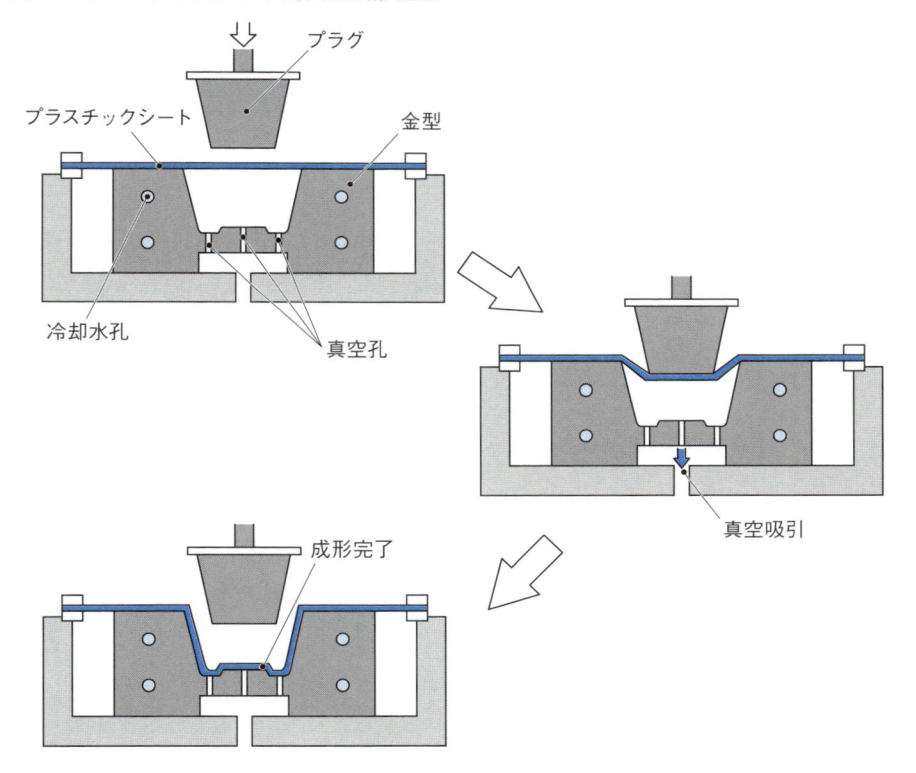

（プラグ、プラスチックシート、金型、冷却水孔、真空孔、真空吸引、成形完了）

図 2-16-2　真空成形でつくられる卵パック、プリンカップ

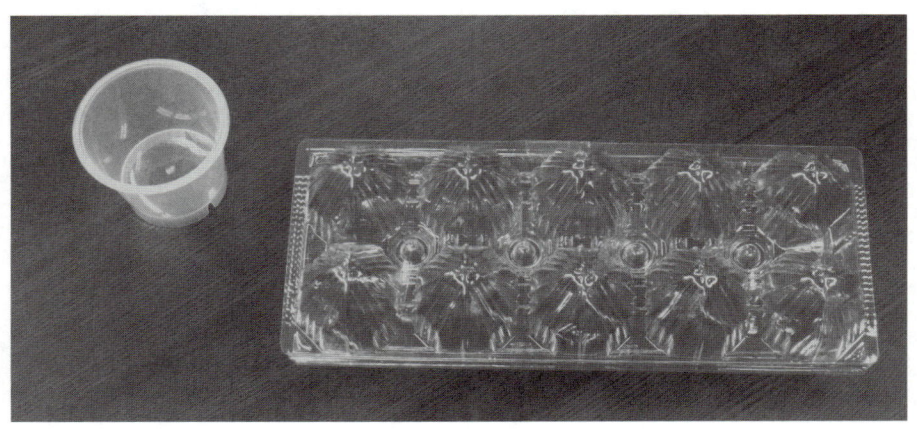

2-17 押し出し成形金型

●押し出し成形金型を使った加工法

押し出し成形金型とは、連続する同一断面形状のプラスチック部品（例えば、チューブや雨樋など）を押し出し成形する際に使用する金型のことです（図 2-17-1）。

押し出し成形法は、パイプ、チューブ、電線被服、建材、シート、フィルムなどを大量生産できます。プラスチック素材を加熱し溶融させ、シリンダー内から押し出し金型を経て、金型に機械加工された断面形状で成形品が押し出されます。押し出し金型のことを押し出しダイとも呼んでいます。

押し出しダイは、以下の種類が代表的です。
① ストレートダイ
② クロスヘッドダイ
③ フラットダイ
④ フィルム用ダイ（図 2-17-2）
⑤ パイプ用ダイ
⑥ 被覆用ダイ

●押し出しダイの特徴

プラスチック材料の種類や品質によって、押し出しダイの設計を工夫しなければなりません。通常は、数回の試行錯誤によって金型を完成させていきます。

押し出しダイは、高温に耐えられるような鋼材で製作され、ニッケルークロム鋼、ステンレス鋼、合金工具鋼などが使用されます。

押し出しダイの表面には、硬質クロムめっきや特殊コーティングを施して長寿命化をする場合もあります。

図 2-17-1　押し出し成形のしくみ

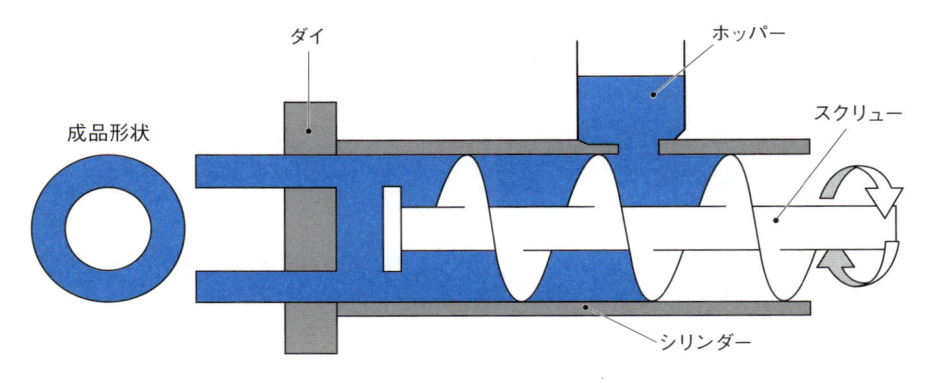

溶融したプラスチック素材（樹脂）をスクリューで押し出して成形する

図 2-17-2　T型ダイ

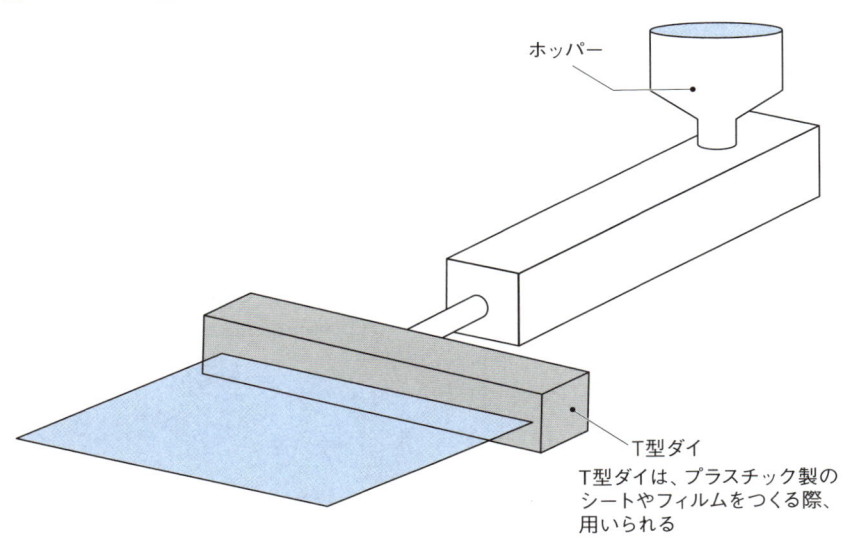

T型ダイ
T型ダイは、プラスチック製の
シートやフィルムをつくる際、
用いられる

2・用途別に使われる金型

55

❗ 究極の加工：減らない工具

　ミーリングによる金型の形状加工は、コーテッド超硬合金製ボールエンドミルによって行われるのが一般的になってきました。型の種類によっても異なりますが、深物の金型や超硬合金製などの金型、焼入れした鋼材製の金型では切削による形状加工は難しいようです。高硬度の金型材の加工では、削れないというのではなく、工具寿命が極端に短いというのが問題になります。

　工具材種で一番硬いのはダイヤモンドであることはよく知られています。それでは、焼入れ鋼をダイヤモンドで削れば超硬合金よりはるかに長寿命なような気がしますが、実際には、ダイヤモンドは鋼材の切削には使用されません。それはダイヤモンドと鉄の親和性に起因しています。ダイヤモンドは炭素原子でできています。炭素は鉄ととても仲が良く、高温で接していると鉄中に炭素は拡散します。したがって、高温でダイヤモンドと鋼材が接触している切削加工では、ダイヤモンドがすぐ減って使い物にならないのです。そこで登場するのはcBN（cubic Boron Nitride:立方晶系窒化ホウ素）です。cBNはダイヤモンドの次に硬い人工物です。切削中に鋼材と反応してすぐ減ることもありません。

　図は$V=1250m/min$、$V=2500m/min$で、図中の加工条件下で切削した際の累積切削長と工具逃げ面摩耗幅の関係をそれぞれ示します。バインダを含む2種のcBNボールエンドミルの工具寿命到達はチッピング（欠け）の発生によるもので、高温、高切削力によるバインダ成分の摩耗が主原因です。一方、バインダレスcBNではチッピングも確認されず良好な切削特性を示します。このような条件をみいだすことができれば、ほとんど工具を減らすことなく、長時間・高精度な切削加工が実現できます。これが究極の金型加工であるといえます。

R15 cBNボールエンドミル、切込み：0.05㎜、ピックフィード：0.4㎜、1刃の送り：0.03㎜/刃、乾式・傾斜（70°）切削、ダウンカット、被削材：HPM31（60HRC）

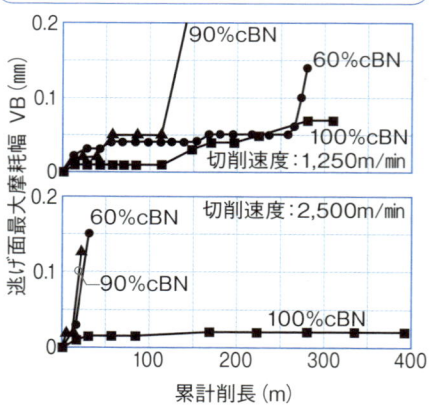

3種類のcBNボールエンドミルを用いて、各切削速度で焼入れ鋼を切削した際の切削距離と逃げ面最大摩耗幅の関係　（㈱理化学研究所）

第3章

金型製作前の作業

製品の良し悪しを決めるのは金型の完成度です。
この章では、自動車の製作を例にとり、
金型を製作する前に必要な作業を説明します。

※本章はホンダのCR-Zを例にして解説しています。機密情報保護のため、一部、画像の合成・ぼかし処理をいれています

3-1 自動車の金型ができるまで

●デザイン画とモックアップ

　自動車のボディ用金型を製作する前に行うこととは？　ひとことでいうと、デザイナが描いた自動車の絵を、実際に走れる実物の自動車にするための準備です。図3-1-1にその流れを示します。

　自動車を含めて世の中の工業製品は、実にたくさんの部品でできています。そして、その部品一つ一つには金型を使ってつくっているものが非常に多いわけですが、たくさんある部品をどうやってつくるのか？　と、つくっていく手順をさかのぼっていくと一枚のデザイン画に行き着きます。

　まず、デザイン画をもとにモックアップと呼ばれる実物大の自動車の形をした模型がつくられ、モックアップを測定して3次元データができます。さらに、その3次元データをもとに自動車の内部のデータを作成していき、最終的に何百を超える部品に分けられ、部品一つ一つの設計図がつくられます。

●工程設計と金型設計

　次に、各部品の設計図をもとに、その部品をどんな材料からどんな方法でつくるか？　という工程設計が行われ、その工程図をもとに金型設計図がつくられます。

　金型ができて、部品をつくり、組み上げていくと実際に走れる自動車ができるわけですが、デザイナが思い描いた通りに実際の自動車をつくりあげるのは実に難しいことです。デザイナの要求通りの形では生産できなかったり、反対にデザインを変えてしまうと意味がなかったりなど、あらゆる問題が発生しますが、最後は互いのもてる技術を結集して、デザイナの意思をいかしつつも、実際につくれて走れる自動車を世に送り出していくのです。

図 3-1-1　自動車の金型製作の流れ

デザイン画

デザイナがデザイン画を作成

⬇

モックアップ

デザイン画をもとに実物大の模型を作成

⬇

部品設計

モックアップをもとに3次元データを作成。そこから自動車内部のデータを作成し、部品の設計図がつくられる

⬇

金型設計

部品の設計図をもとに工程設計を行い、金型設計図を作成。その後、金型がつくられる

⬇

量産車

金型でつくった部品を組立て、完成

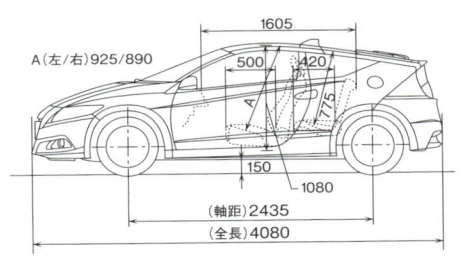

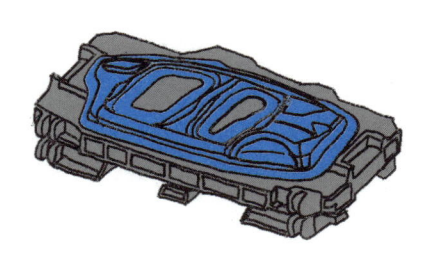

3・金型製作前の作業

59

3-2 エコな自動車をつくるには

●低燃費を実現する軽量化

　近年の自動車はハイブリッド車に代表されるようにエコな自動車が求められています。エコであること＝CO_2排出が少ない自動車であることといえますが、CO_2排出が少ない自動車とは何でしょうか？　まず挙げられるのは低燃費であることでしょう。

　ではその低燃費に金型が貢献できることといえば何でしょうか？　答えは車体の軽量化です。

　自動車ボディは車格にもよりますが、通常300～400kg程度になります。そのボディを構成する自動車部品も、それぞれ軽くする仕様にしてから金型で生産する必要があります。

●高強度鋼板と樹脂

　自動車製作のうち、安全性を成立させる骨格部品とデザインを成立させる外板部品を例に挙げて、軽量化の取り組みを説明します。

　ボディ骨格部品は薄鋼板と呼ばれる鉄からつくられています。通常の鋼板は引張り強さが270Mpa程度ですが、これを引張り強さが340～980Mpaの高強度鋼板と呼ばれる材料に変更すると、自動車としての剛性はそのままで素材を薄くできる（重量を軽くできる）わけです（図3-2-1）。通常鋼板と比較し10～20％の軽量効果があります。

　外板部品にも高強度鋼板が使用されていますが、さらに軽量化するために従来鋼板でつくられていた部品を樹脂に変更する方法も出てきています。図3-2-2にその例を紹介します。従来鋼板でつくられていたボンネットの一部を樹脂に変更しています。さらに軽量化するため、バンパー部と一体成形もしています。

図 3-2-1　ボディ骨格部品における高強度鋼板の使用状況

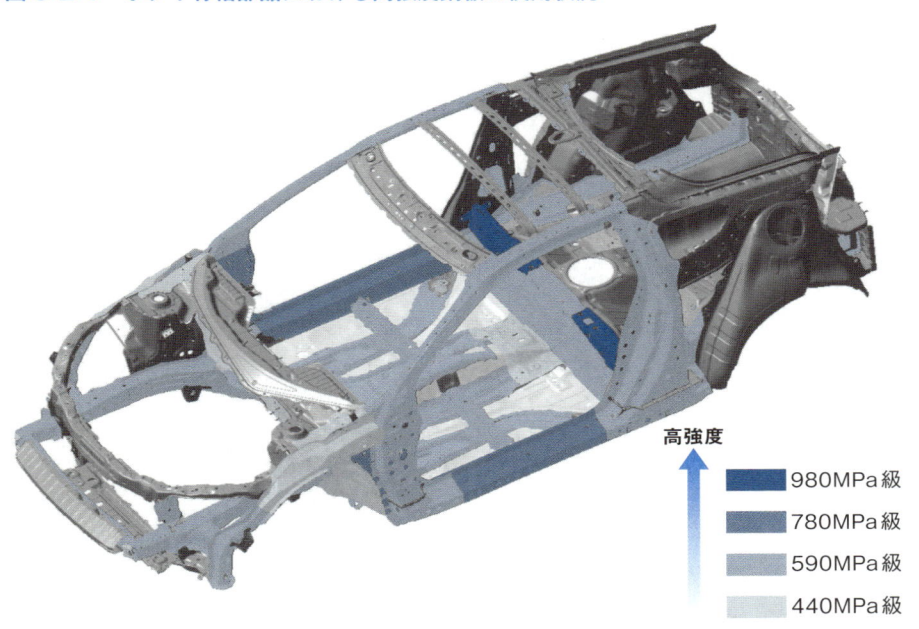

高強度

- 980MPa級
- 780MPa級
- 590MPa級
- 440MPa級

図 3-2-2　ボディ外板部品における軽量化へ取り組み

鋼板⇨樹脂

ボンネットの一部と
バンパー部を一体成形

3-3 自動車の2大金型

●プレス部品と樹脂部品

　自動車のボディを構成する部品には、主に鉄などの金属でできたプレス部品とプラスチックなどの樹脂でできた樹脂部品があります（図3-3-1）。

　プレス部品の代表は、ボディの外側を構成するサイドパネル、ドア、ボンネット、フェンダー、ルーフなどがあり、普段見えない自動車の内部には、フロア、ダッシュボードパネルなどがあります。これらの部品はすべて一枚の金属板（ブランク）からつくられます。固い鉄の板も何千トンもの力を発揮するプレスマシンの力によって、デザイナーが思い描いていたようなカッコいいボディの形に生まれ変わります。

　一方、樹脂部品では、クルマの前後バンパー、ミラー、ライトなどの外装部品のほか、メーターなどが付くインスツルメントパネル（通称インパネ）、ドアトリムなどと呼ばれる内装部品やホースなどの配管部品、配線のコネクタなど多種多様な部品があります。

　プレス部品と樹脂部品は、材料だけでなく、つくり方も異なりますが、つくるための道具である金型を使うという点では共通しています。

　この後、プレス部品と樹脂部品について、自動車の製造で使われる金型でも1、2を争う大きさを誇る「サイドパネル」と「バンパー」の金型を例にして、その製作までのプロセスを紹介します（プレス部品：3-4 ～ 3-7 参照、樹脂部品：3-8 ～ 3-11 参照）。

図 3-3-1　自動車のボディを構成するプレス部品と樹脂部品

ロール状になった金属板（コイル材ともいう）

コイル材を延ばし、切断した鋼板（ブランク）をプレスマシンによって加工

加工された部品の品質検査を行う

プレス部品の製作工程

サイドパネルなど

バンパーなど

樹脂部品の製作工程

成形金型
樹脂によりデザイン・機能を転写したバンパーを成形するための金型を製作

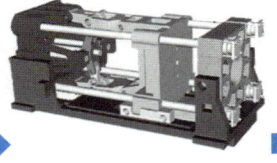

射出成形機
溶解した樹脂を高速で金型に流し込み、バンパー形状に成形する

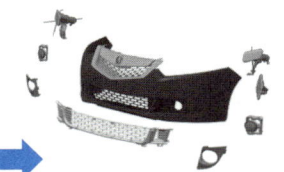

樹脂部品
フォグライトなどバンパー付属部品を組み付け、車体に取り付ける状態にする

3．金型製作前の作業

3-4 自動車の工程設計

●サイドパネルアウターを例とした工程設計

　自動車のボディ部品のプレス成形は、主に鉄やアルミなどの薄い金属板をいくつかの工程により、立体的な形にしていくもので、その工程には、ドロー（絞り）、トリム（切断）、ベンド（曲げ）、ピアス（穴あけ）といったものがあります（図3-4-1）。

　現在、自動車のプレス部品の中で一番大きいサイドパネルアウターという部品は、一般的に4～5工程でできています。

　ドローでは、平らな金属板に対して、部品によっては1000トン以上の力をかけて立体的な形にします。ここで、ほぼデザイン通りの形ができあがります。また、部品品質への影響も大きいため、最も重要な工程といえます。トリムでは、製品には必要のない余分な部分を切断し、ベンドではドローで成形できなかった部分を曲げるなどし、ピアスでは文字通り必要な穴をあけます。

　トリム、ベンド、ピアスなどの工程は、通常、一つの金型にいくつかの工程が組み合わさって、トリムをしながらピアスをしたり、ベンドをしながらピアスをしたりしています。

　このように、どの金型のどの部分でどんな成形（工程）を行うかを決めていくのが工程設計で、プレスマシンの仕様や金型の仕様を考慮しながら、最も合理的な工程となるよう検討していきます。この工程設計では、これまで培ってきた過去何十年分の膨大なノウハウがつぎ込まれるとともに、新たに開発された技術を投入するなどして、常に新しい自動車を生み出すためのチャレンジが続けられています。

　例えば、ドローでできる限り最終製品に近い形まで成形し、トリム、ベンド、ピアスの各工程に複雑な型構造や新技術を導入することで、3工程で成形することもあります。これによって、金型が一つ減り、金型製作費が削減されるとともに、使用するプレスマシンも一つ減って、プレスマシンを動か

すための電気代も削減できます。これにともない、金型をつくるために消費される CO_2 とプレス工場で消費される CO_2 も削減でき、地球温暖化防止にも役立っています。

図 3-4-1　サイドパネルアウターの工程

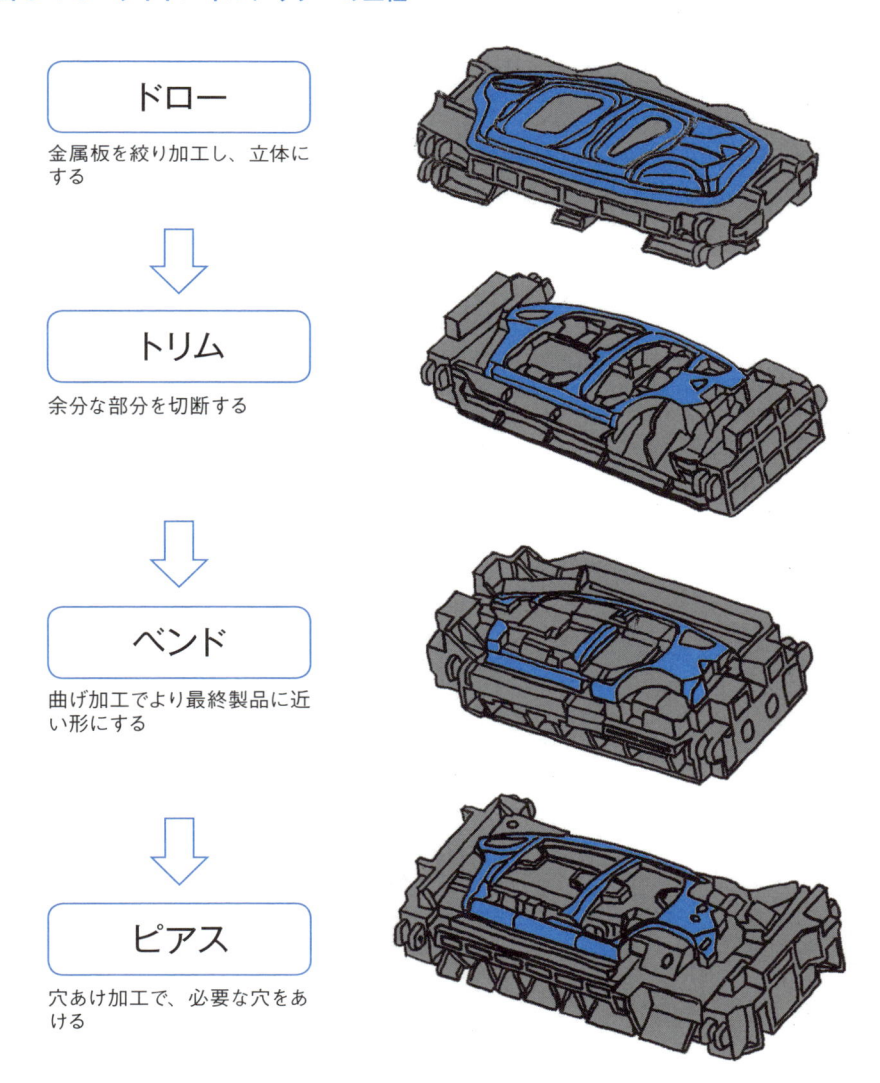

ドロー
金属板を絞り加工し、立体にする

⬇

トリム
余分な部分を切断する

⬇

ベンド
曲げ加工でより最終製品に近い形にする

⬇

ピアス
穴あけ加工で、必要な穴をあける

3・金型製作前の作業

3-5 自動車のモデル設計

●ドロー金型のモデル設計

　工程設計が終わったらモデル設計です。前述したとおり、プレスはドロー〜ベンドの複数の金型により段階的に成形されて、一つの車体部品として完成します。そこにはそれぞれの段階に応じた形状が存在します。その形状を作成することをモデル設計といいます。ここではドロー金型を例として説明します。

　ドロー金型は、ダイ、パンチ、ブランクホルダという各部品から構成されます。ダイとブランクホルダで平板状態の鋼板を挟んで、押さえ込みながらパンチで押し出して成形します。この成形をプレス成形と呼びます。プレス成形の機構を成立させるためには製品形状以外にダイフェースと呼ばれる形状が必要です（図3-5-1）。ドロー金型のモデル設計ではこのダイフェースを作成しているのです。

　ダイフェースは、その役割からキレツやシワという不具合が発生しやすくなります。その不具合を懸念項目として検討しながら形状作成します。さらに成形シミュレーション（図3-5-2）を行い、不具合を事前に予測しながら、対策を検討するバーチャルトライも行っています。

●スプリングバックに対する見込み面

　素材は加工されるとスプリングバックという問題が発生します（図2-4-3参照）。これは鉄が変形した後、もとに戻ろうとする力が作用するため発生する現象で、プレス成形された鋼板が正規形状とならない問題が起きます。これを前もって予測し、スプリングバックしても鋼板が正規の形状となるように見込み面と呼ばれる面を作成します（図3-5-3）。

　また作成した見込み面がデザインを損なうことは許されませんので、CAD（Compter Aided Design：4-1参照）での検証も行われています。

図 3-5-1 ダイフェース（ドロー金型）

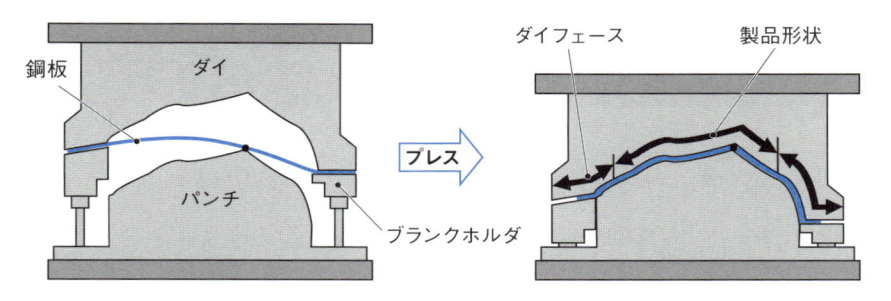

鋼板　ダイ　パンチ　ブランクホルダ　プレス　ダイフェース　製品形状

図 3-5-2 成形シミュレーション（サイドパネル）

平板（ブランク）状態　計算　計算結果（板厚分布）　キレツ　シワ

成形シミュレーションの結果、キレツの懸念がある場合は、形状を見直す

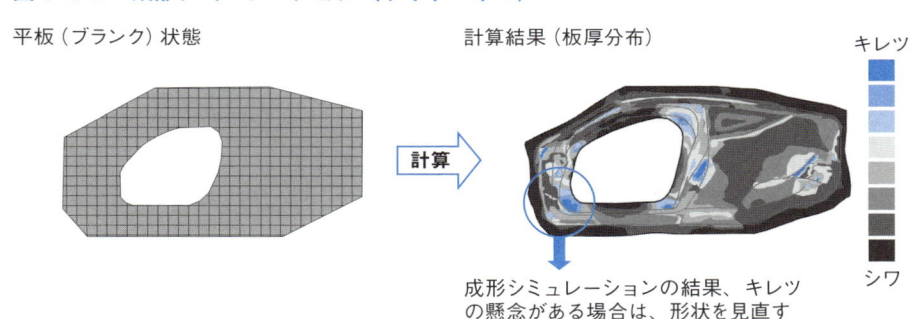

図 3-5-3 スプリングバック対策

プレス品正寸　スプリングバック予測　見込み面

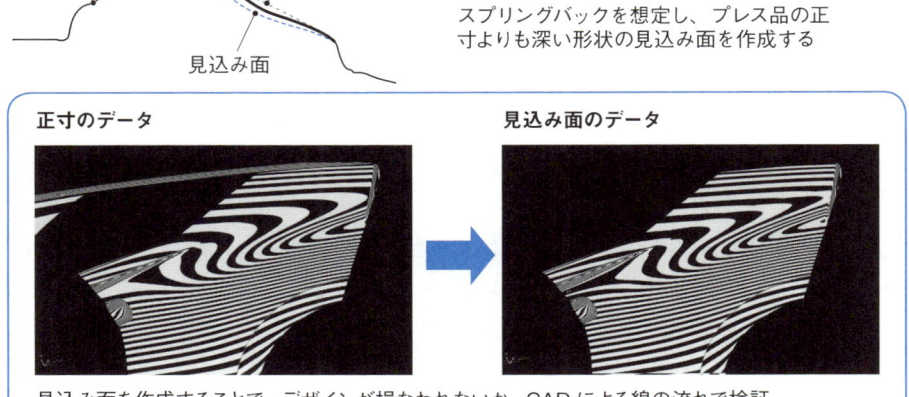

スプリングバックを想定し、プレス品の正寸よりも深い形状の見込み面を作成する

正寸のデータ	見込み面のデータ

見込み面を作成することで、デザインが損なわれないか、CADによる線の流れで検証

3・金型製作前の作業

3-6 自動車の金型設計

●金型設計のディジタル化

　工程設計が終わり、成形シミュレーションに続き、金型設計を行います。

　金型設計においては、工程設計で決まった条件（どんな材料を使って、どこの工場で、どのプレスマシンを使うかなど）に従って、細かな設計が行われていきます。金型の幅、奥行き、高さなどの寸法、パネルのセット位置や搬送方法といったところから始まり、数十から時には百をこえる部品をレイアウトし、一つの金型図面として完成します。

　かつては紙の上に平面図と断面図を描いていく、いわゆる２次元図面が主体でしたが、コンピュータやCADソフトの発展とともに、データで立体的な金型をつくりあげていく３次元化が進み、今では設計から金型完成まで一切紙を使わず、画面上のデータを確認しながら金型を製作する「完全データ化」により効率的な金型づくりが可能になっています（図3-6-1）。

●金型設計に求められる技術

　金型を設計するための道具はかつての紙と鉛筆からCADソフトに移り、設計者に必要とされる技術も、設計者のイメージもずいぶん変わってきました。CADソフトの操作はもちろん、データ変換などの取り扱い、設計データから部品発注などにつなげる仕組みづくりなどのコンピュータやデータに関する知識は必要不可欠となっています。

　しかしながら、金型を設計する上でもっとも重要なのは、これまでに蓄積された膨大なノウハウであり、そのノウハウや個人の知識をいかに共有化し、誰でも同じようにレベルの高い設計ができるようにしていくかという課題は紙の世界でもデータの世界でも変わりありません（CAD/CAMの詳細については第4章参照）。

図 3-6-1　図面の 3 次元化と完全データ化

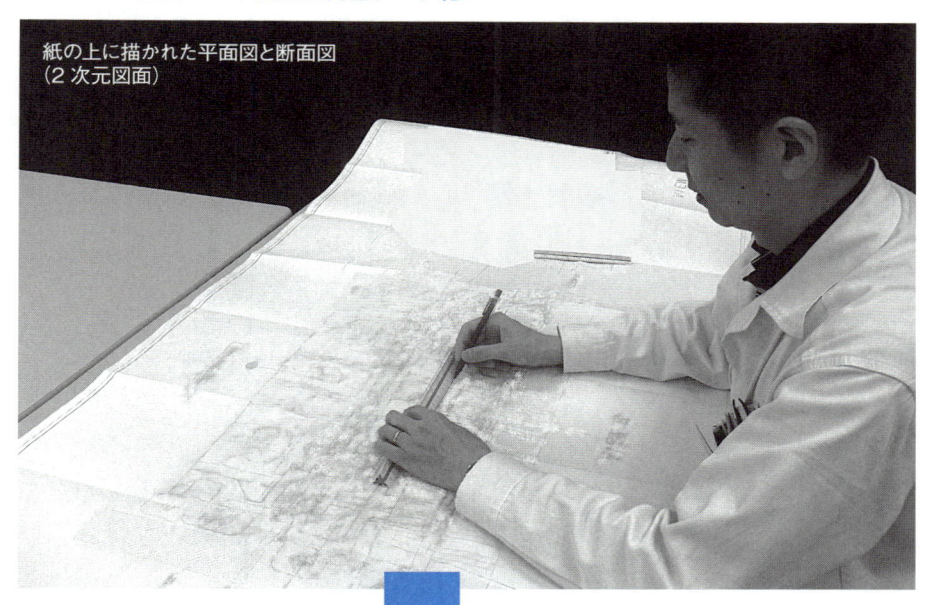

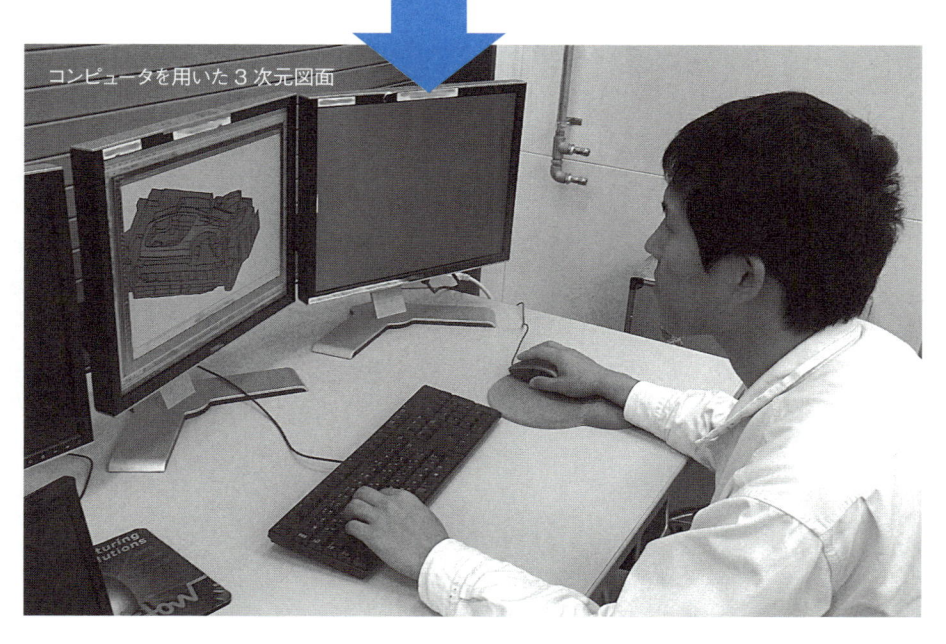

紙の上に描かれた平面図と断面図
（2 次元図面）

コンピュータを用いた 3 次元図面

3・金型製作前の作業

3-7 バーチャルプラント

● CAD、CAE による事前予測

　金型設計が終わると、いよいよ金型づくりに入ります。

　以前の金型づくりでは、金型の製作前にすることはここで終わっていたのですが、近年は CAD、CAE（4-3 参照）の技術を用いて、実際に金型と部品ができあがるまで分からなかったような不具合を事前に予測し、設計時点で対策をしています。

　前述した成形シミュレーションのほか、プレスマシンと金型の応力やたわみを解析して金型の構造を最適化したり、パネルを量産する際の搬送などを解析して狙い通りの生産性が確保できるような設計をしたりしています（図3-7-1）。

●バーチャルプラントの効果

　このような CAD、CAE 技術を組み合わせることにより、コンピュータ内に工場を再現し（バーチャルプラント）、これまでは実際に金型をつくり、量産工場に運んでテストしなければ分からなかったような問題を事前に洗い出すといった取り組みも行われています。

　こういった事前予測の精度を上げていくことにより、実際に金型ができてから起きる不具合とその対策のための修正を減らすとともに、金型の大きさや構造をムダのないものにして、少しでも早く、安くつくる努力をしています。

図 3-7-1　各種シミュレーション

プレス成形品に発生するキレツやシワを解析

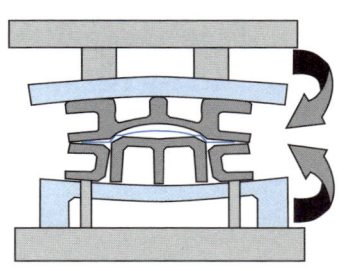

プレスマシンと金型のたわみを解析

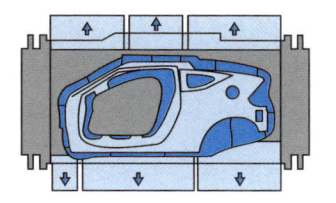

スクラップの流れを解析

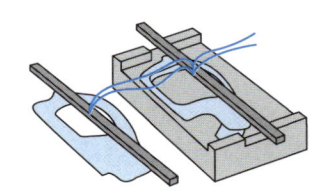

パネル搬送を解析

バーチャルプラント

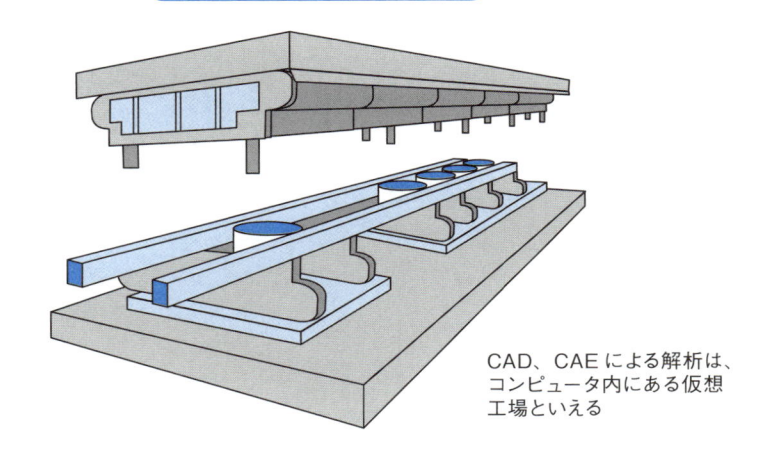

CAD、CAE による解析は、コンピュータ内にある仮想工場といえる

3・金型製作前の作業

71

3-8 樹脂金型のプロセス

●樹脂金型でも活用されるCAE

　最新の金型製造は、従来の現物でのつくりこみによる工程（トライ＆エラーという）から、CAEによる設計段階での不具合の潰しこみを行い、金型製作段階での出戻りを最小にするプロセスが主流であり、プラスチック（樹脂）金型も例外ではありません（図3-8-1）。

　ここでは、プラスチック金型特有のCAEの活用方法とその効果について紹介します。

●樹脂成形の事前検討項目

　樹脂成形品をつくる金型のCAEを行うにあたって、まず製品や金型の品質に影響を与える要因を知っておく必要があります。要因を大きく分けると、製品設計・金型設計・金型製作のそれぞれの項目に分別でき、製品設計・金型設計における不具合要因を設計段階で事前検討することで、量産における製品品質を向上させます（図3-8-2）。

　パソコンスペックや解析ソフトの充実した昨今では、このようなツールを最大限利用し、製品・金型の各設計段階にて、CAEによる不具合の予測とその対策を行うことで製造プロセスの短縮とコスト削減を図ります。

　次ページからは、樹脂金型をつくるまでのプロセスを下記のように大きく3つに分けて、最新の解析技術とともに詳しく説明していきます。

①　デザインフェーズでの検討事項：CAEによる樹脂流動解析（3-9参照）
②　金型構想段階での検討事項：CAEによる金型強度解析（3-10参照）
③　成形プロセスでの検討事項：CAEによる金型冷却解析（3-11参照）

図 3-8-1　CAE 活用による製造プロセス変化

従来のプロセス

製品設計 → 試作 → 金型設計 → 金型製作 → 修正 → 量産

- 試作：現物でのつくりこみ工程
- 修正：現物でのつくりこみ工程

CAE 活用のプロセス

製品設計 → 金型設計 → 金型製作 → 量産 ← プロセス短縮 →

- 製品設計：CAE による樹脂流動解析
- 金型設計：CAE による金型強度解析
- 金型製作：CAE による金型冷却解析

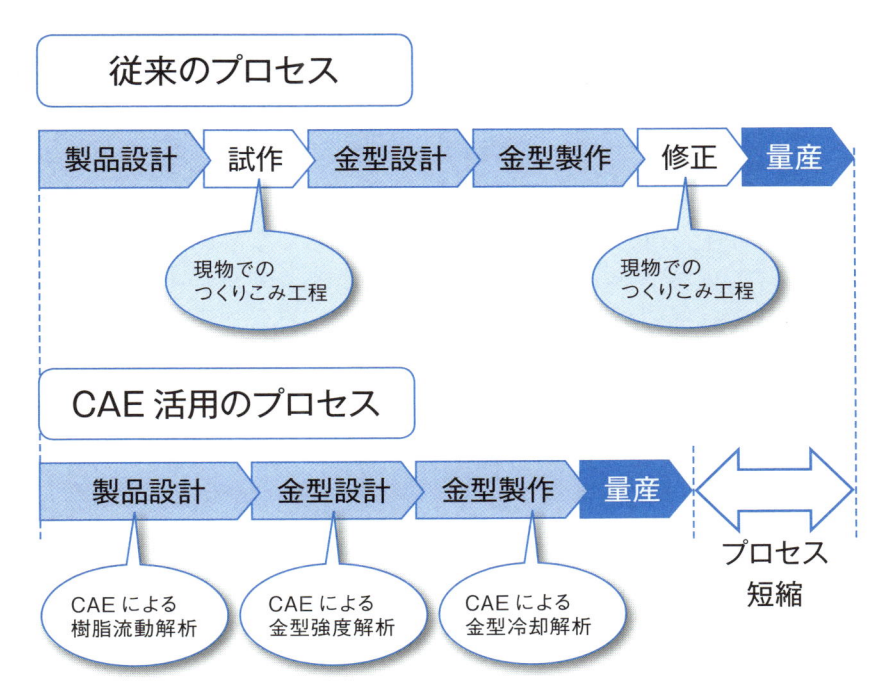

図 3-8-2　樹脂成形品の開発における検討項目

縦軸：製品品質への影響度

製品設計に起因する課題
- 内部残留応力
- ウェルド位置
- 成形材質
- ショートショット
- ボイド　ヒケ
- 型締力　肉厚
- 充填バランス

金型設計に起因する課題
- そり変形
- サイクルタイム
- 量産バラツキ
- ゲート位置／形状
- ランナーシステム
- 冷却配管
- 加工精度
- 金型材質

成形に起因する課題
- 成形条件

製品設計 → 金型設計 → 金型製作 → 量産

3-9 デザインフェーズ

●デザインフェーズでの検討事項

　製品のデザインが決まった段階から、金型設計の事前検討はスタートします。デザインの形状、投影面積、凹凸から樹脂製品としての成立性、金型構造の成立性を検討します（図3-9-1）。

　特に製品形状に起因する樹脂成形不具合（ウェルドライン：金型内において溶融樹脂の流れが合流する部分にできる細い線。ヒケ：溶融樹脂が冷えて固まる際に、収縮によって生じるへこみ。充填バランス不良：ゲートから出る溶融樹脂の流量の不均一など）は、この段階でゲート検討と合わせて洗い出していきます。

　現在、ゲート種類としては、電磁式や油圧式のバルブ開閉調整機能も一般化しており、検討の幅は多種多様になってきています。その中で過去の製品検討のノウハウをもとに、ゲート種類、ゲート位置、ゲート点数、ランナー形状を設定していきます。

　ゲートの方案が決定すると、次に樹脂流動解析の結果を見ながら、ほかの部品との組み付け性や製品補強のリブ追加など、製品形状（デザインの裏面）をつくりあげていく作業を行っていきます。

　また、この段階で成形時の圧力分布から、金型締め付け力に対するバランスの良い製品配置（キャビティレイアウト）検討などの、金型初期構想も行っていきます。

図 3-9-1 デザインフェースでの検討 ～樹脂流動解析～

樹脂流動解析

デザイン画 → デザイン画からデザインモデルを作成 → デザインモデル

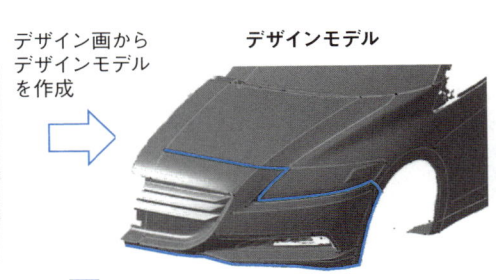

CAE による樹脂流動解析から、製品・金型の成立性を検討

解析モデル
- ウェルドライン予測位置
- ランナー
- ゲート
- 型内圧（高〜低）

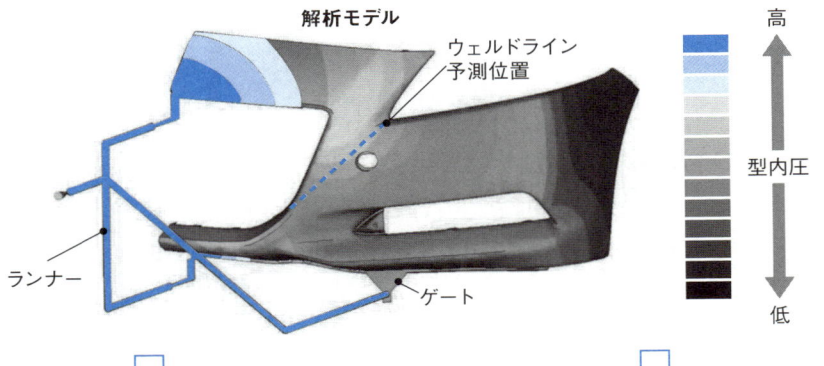

ゲート位置・形状検討

樹脂流動解析の結果から、ゲートの位置、形状を検討する

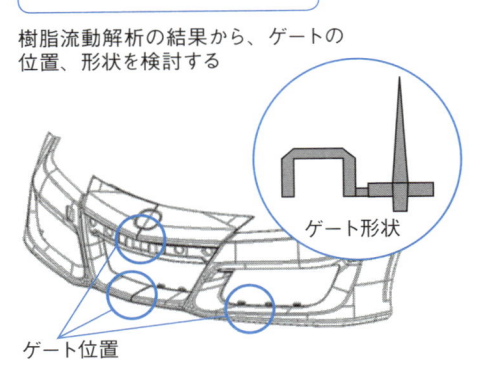

ゲート形状
ゲート位置

型内製品配置検討

樹脂流動解析の結果から、金型内の製品ができる位置を検討する

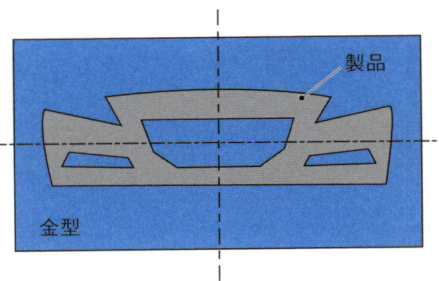

製品
金型

3・金型製作前の作業

3-10 金型構想

●金型構想段階での検討事項

デザイン段階での検討後、生産技術性を満たした製品形状が決まると、金型構造の設計がスタートします。

最初に製品のサイズ、生産台数から大枠の金型サイズを算出します。それをもとに、金型たわみ、変形、破損、成形不具合（バリ）などの金型強度に起因する不良を防止するため安全率を加味して、金型外形サイズを決定します（図3-10-1）。

図 3-10-1　金型構想段階での検討①　～金型強度解析～

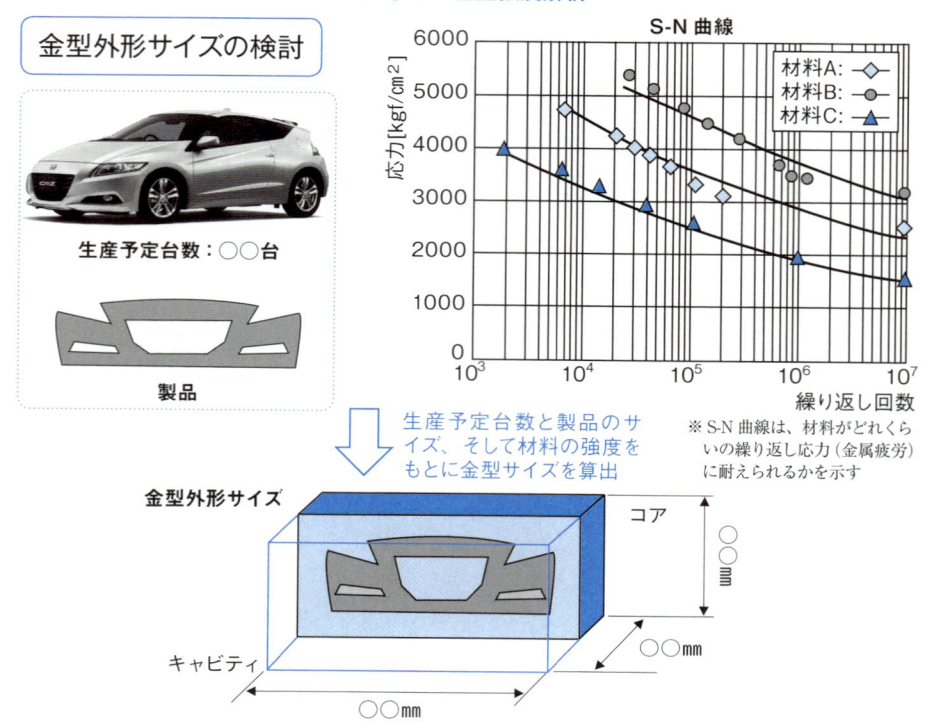

金型外形サイズの検討

生産予定台数：○○台

製品

S-N 曲線

応力[kgf/cm²]

材料A：
材料B：
材料C：

繰り返し回数

※ S-N 曲線は、材料がどれくらいの繰り返し応力（金属疲労）に耐えられるかを示す

生産予定台数と製品のサイズ、そして材料の強度をもとに金型サイズを算出

金型外形サイズ

キャビティ

コア

○○mm

○○mm

○○mm

近年、自動車バンパーは他部品の機能取り込みや製品サイズの大型化が進み、それにともないバンパーを生産する金型も大型化の傾向が見られます。しかし、金型を搭載する樹脂成形マシン設備は高額なため、毎年買い換えるというわけにはいきません。そのため、射出成形する製品サイズが大きくなっても、金型外形寸法は既存（搭載可能）サイズに抑え、設計要件を事前に検討しておかなければなりません。

　そういった設計要件に対し、金型強度計算も安全率を大きくとった簡易計算から、複雑形状に合わせた FEM 構造解析によって、詳細な金型サイズの検討をする必要があります（図 3-10-2）。

図 3-10-2　金型構想段階での検討②　～金型強度解析～

金型サイズの詳細検討

簡易計算

＋

FEM 構造解析

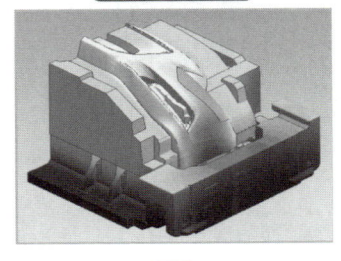

↓

詳細な金型サイズ

解説 **FEM**：有限要素法（Finite Element Method）。複雑形状をもつ物体を単純な小部分に分割して近似表現し、これらを組み合わせて解析する方法

3-11 成形プロセス

●成形プロセスでの検討事項

　金型のサイズが決まると、成形サイクルの工程検討がスタートします（図3-11-1）。この成形サイクルの時間により、同様の形状でも、製品コストが変わってきます。

　成形サイクルの中で、冷却工程は金型の冷却構造に大きく依存します。冷却工程は、ドロドロに熱した樹脂を型に流し込み、冷却・固化させ取り出せる状態にするという役割があり、成形サイクルの時間や製品品質に大きな影響を与える項目です。この冷却構造を事前に検討することで、温度起因の不具合を防止できる効果があります。

図3-11-1　樹脂成形のサイクル

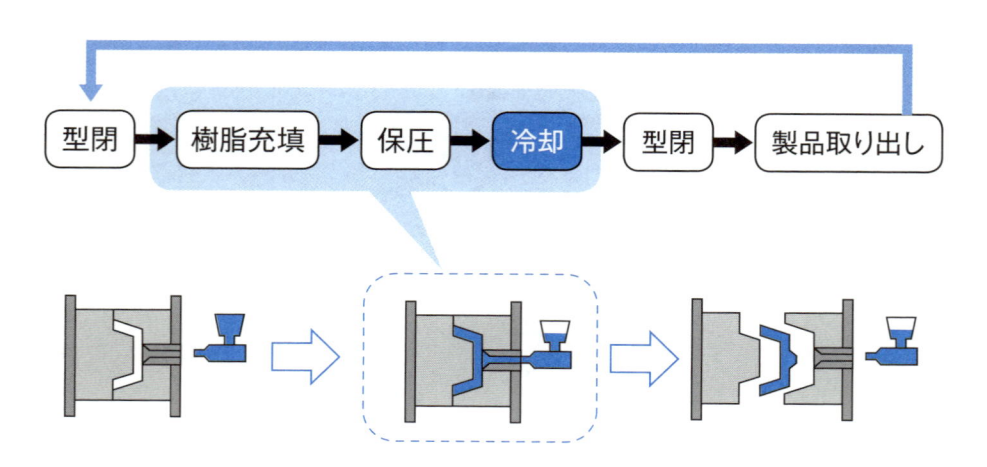

型閉 → 樹脂充填 → 保圧 → 冷却 → 型閉 → 製品取り出し

また、樹脂流動解析と金型冷却解析の結果を合わせることで、成形固化収縮を導き出し、製品収縮を見込んだ正確な金型加工データの作成を行うことができます（図3-11-2）。

　このように現在の金型製造において、各種CAEによる解析はなくてはならないものであり、解析結果と実機データをノウハウとして蓄積することで、検討段階での設計精度向上が見込まれます。今後のより複雑な解析への取り組みが日本の製造業を支える技術の柱になると考えられます。

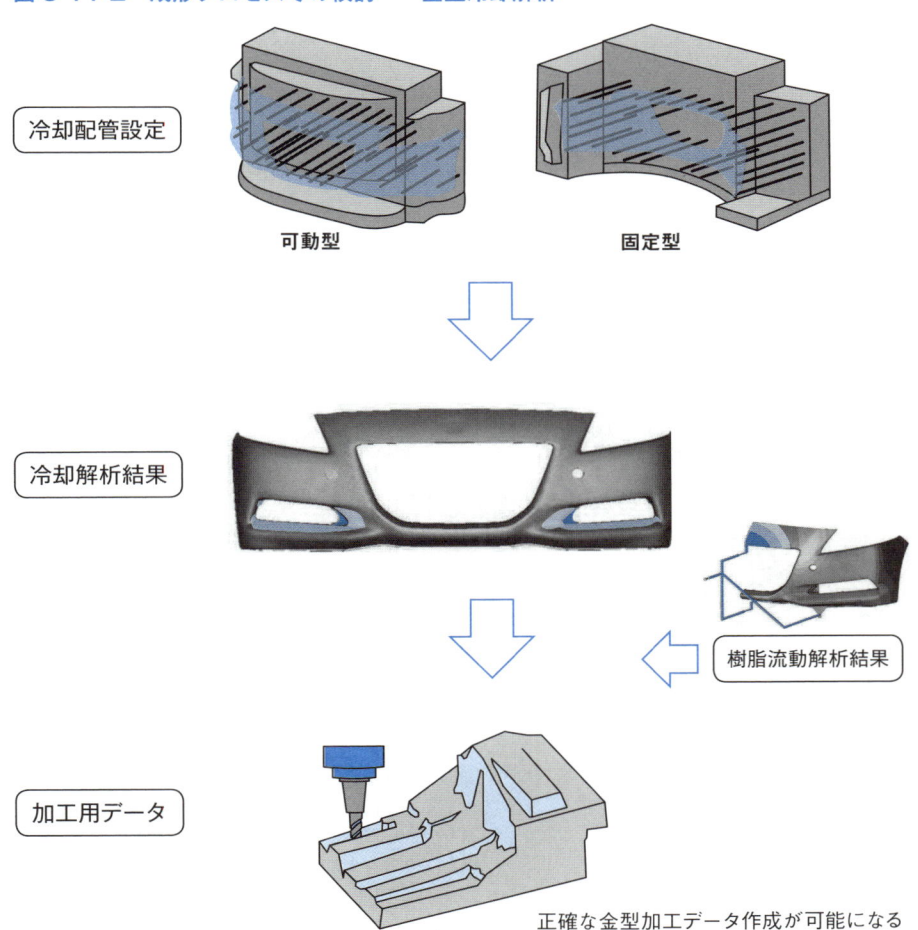

図 3-11-2　成形プロセスでの検討　〜金型冷却解析〜

冷却配管設定

可動型　　　　　固定型

冷却解析結果

樹脂流動解析結果

加工用データ

正確な金型加工データ作成が可能になる

❗ 金型の自動化

　金型は工業製品を量産する有効な手段であり、高度な生産技術を背景に日本のモノづくりを代表する技術として認識されています。しかしながら、約10年前からステンレス鋼、およびアルミ合金などを切削加工したApple社の製品が登場し、電子情報機器の世界市場で急速に拡大している現状があり、脱金型の量産方式が登場しています。

　一方、生産拠点がグローバル化している各種製品の販売競争がますます激化している中で、新製品の開発サイクルは短くなり、必然的に金型の短納期化と低コスト化は加速しています。

　金型生産の自動化は、迅速な生産と低コスト化を実現する有効な手段と考えられ、すでに世界規模の展開が始まっています。自動化を実現するには、CAMによるNCプログラムデータ供給体制、エンドミルなどの切削を安定して実行するための方策、例えば、エンドミル切削性能の事前チェック、焼きばめホルダの適用、工具の移動着脱システムなどの導入・構築、ワークの自動着脱、機内計測システムなどが必要条件になります。

　CNC工作機械は、同一段取りで多面加工できる5軸制御マシニングセンタ、CNC複合加工機、自動化対応CNC放電加工機など、金型生産の自動化に有望な生産設備として認識されています。

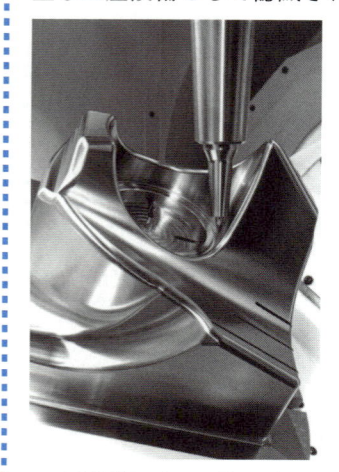

5軸制御マシニングセンタ
（写真提供：㈱牧野フライス製作所）

焼きばめホルダと自動工具着脱装置例
（写真提供：YS電子工業㈱）

第4章

金型製作を支える CAD/CAM

今日、金型を設計・加工・評価する際、
大きな支えとなっているのがディジタル技術です。
この章では、その代表格である CAD/CAM を中心に、
その特徴と留意点について説明します。

4-1 CADとは

●2次元CADと3次元CAD

現在の金型は、ディジタル技術を駆使した設計技術・加工技術・評価技術が中心の生産方式です（図4-1-1）。コンピュータの応用技術の進展はめざましく、金型の生産方式を大きく変革し、現在も進展しています。

金型の設計は、CAD（Computer Aided Design）で行いますが、CADは2種類あって、2次元CADと3次元CADで内部構造も使い方も全く違うものと考えられます。

2次元CADは、図面をそのまま電子化したもので、基本的には点と線（曲線も含む）および寸法や注記なので、異なるソフト間の変換はあまり問題がありません。

3次元CADは、ワイヤーフレームモデル、サーフェースモデル、およびソリッドモデルの3種類があり（図4-1-2）、ワイヤーフレームは、例えば提灯の骨組みだけの形状表現、サーフェースは、骨組みの表面に紙を貼った形状表現、ソリッドは中まで座標データが詰まった形状表現に分類できます。

図4-1-1　ディジタル技術を駆使した金型生産の流れ（プラスチック成形金型の例）

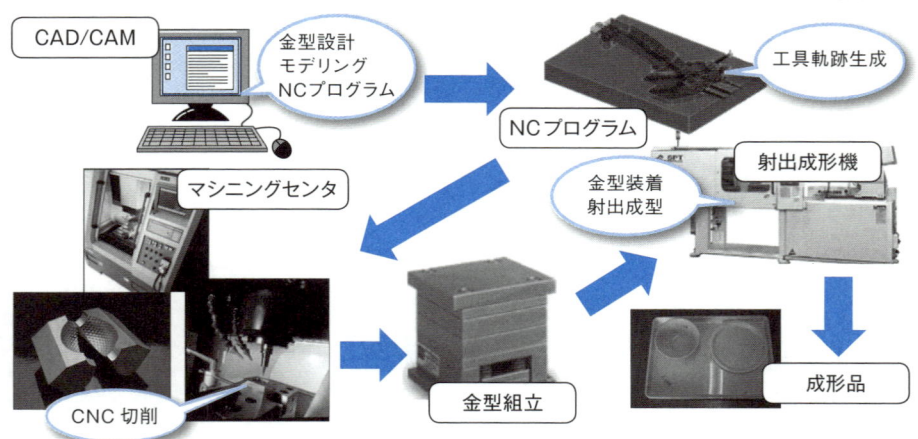

●3次元CADの特徴

デザイナが形状を確認する場合は、表面データのみのサーフェースモデルが用いられます。サーフェースモデルは、ソリッドのように全てにデータが詰まっていないため、データ量が少なくCADとして操作性が優れている特徴があります。

ソリッドモデルは、内部が詰まった固体（ソリッド）として表現できるもので、どの部分をスライスしてもデータが存在し、回転させながら全面を見られる（可視化ツール化）機能が特徴です。さらに、ソリッドモデルはデータ量が多い反面、形状データの切り取りが可能で、かつスライスして1層ごとの工具軌跡（切削工具の移動軌道）を生成することで高精度・高効率な切削が可能なNCデータが生成できるため、CAMにおける有効活用など広範囲な適用が特徴といえます。

ソリッドモデルは、CSGとB-Repの二つに分かれ、CSGはプリミティブと呼ばれる球や箱や円筒などの簡単なソリッド要素をいくつか組み合わせて、その履歴をもっていることにより表現されるものです。一方、B-Rep（境界表現）はサーフェースモデルで用いられている曲面、曲線、点などの幾何情報に加えて位相情報という隣接関係をいれることにより閉じた立体を表現するもので、現在もっとも多くの3次元CADで採用されている方式です（図4-1-3）。

図4-1-2　3次元CADの種類

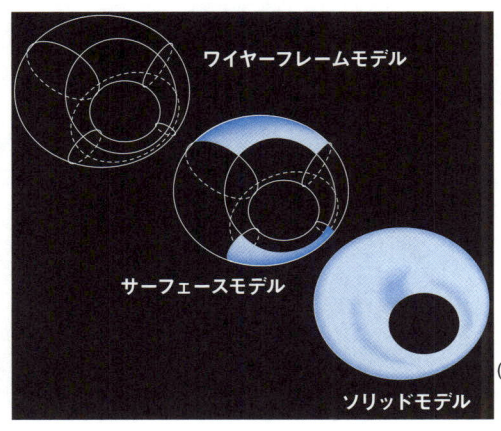

図4-1-3　3次元ソリッドモデルのCSGとB-Rep

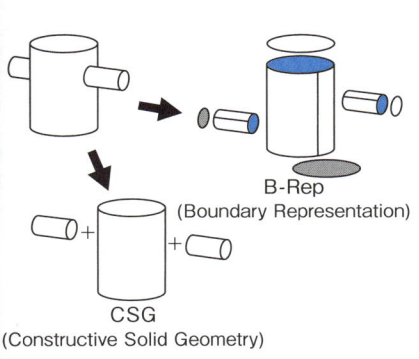

● 3次元CADのソフト例

　世界の3次元CADは、通常カーネル（Kernel・■部）という3次元の幾何計算のみを行うライブラリの上に、寸法や図面をつくったり、モデリング（変形）したり、ほかのCADやCAM、CAEとのインターフェースなどのアプリケーションをのせたものからなり（■部）、それらをKernel系と呼びます。Kernel系としては、ACIS（米）Parasolid（米）、Designbase（日）などがあります（図4-1-4）。

　Kernelをもたず昔から独自でやっているのがそれ以外のハイエンド（独立系）で、過去には幾つかありましたが統合が進み2大CAD時代（ダッソーのCATIAとEDSのユニグラフィクス）、またはそれにPro/Eを加えたシステムが3大CADといわれています。

　日本製のCADは、プレス用金型に強いCADCEUSと射出成形金型に強いといわれているGRADEがあります。

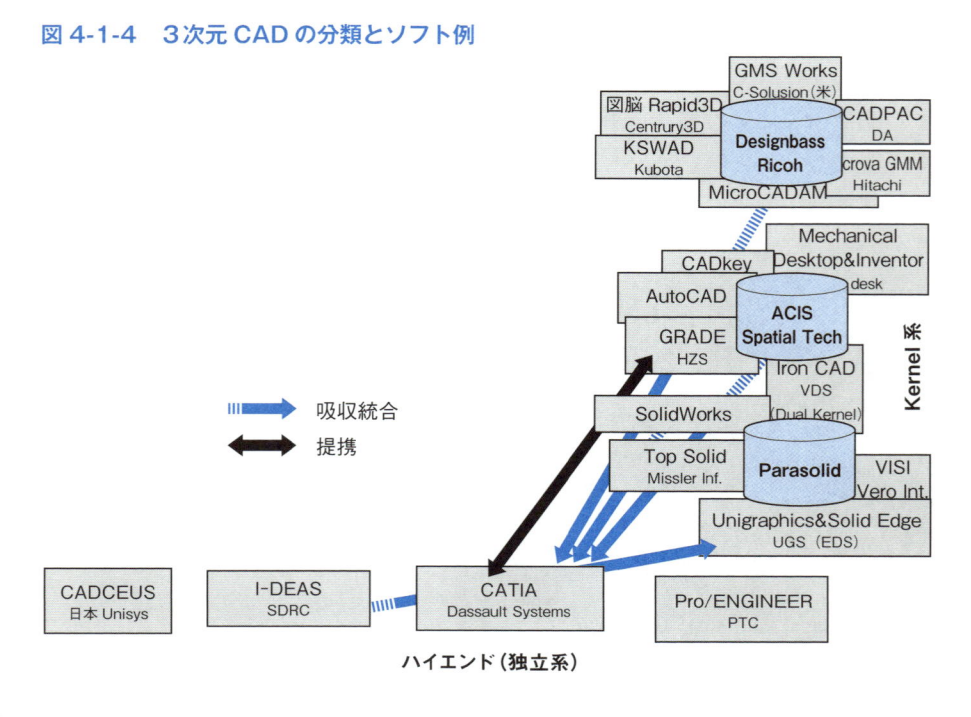

図4-1-4　3次元CADの分類とソフト例

●ディジタルデータによる金型製作の流れ

　CADで設計した金型の図面データを、CAM（Computer Aided Manufacturing）に入力し、CAMの中で金型を加工するためのNCプログラムに変換し、CAMから取り出したNCプログラムデータを、金型加工用工作機械のCNC制御装置（工作機械の動作を指示、制御するコンピュータ部）に入力した後、NCデータで指示された通りの動作によって工作機械は所定の形状や精度に加工します（図4-1-5）。

　次項より、金型で生産する製品情報（図面など）を受け取ってから、金型設計、製作するプロセスについて、さらに具体的な内容で説明します。

図4-1-5　ディジタルデータによる金型製作の流れ

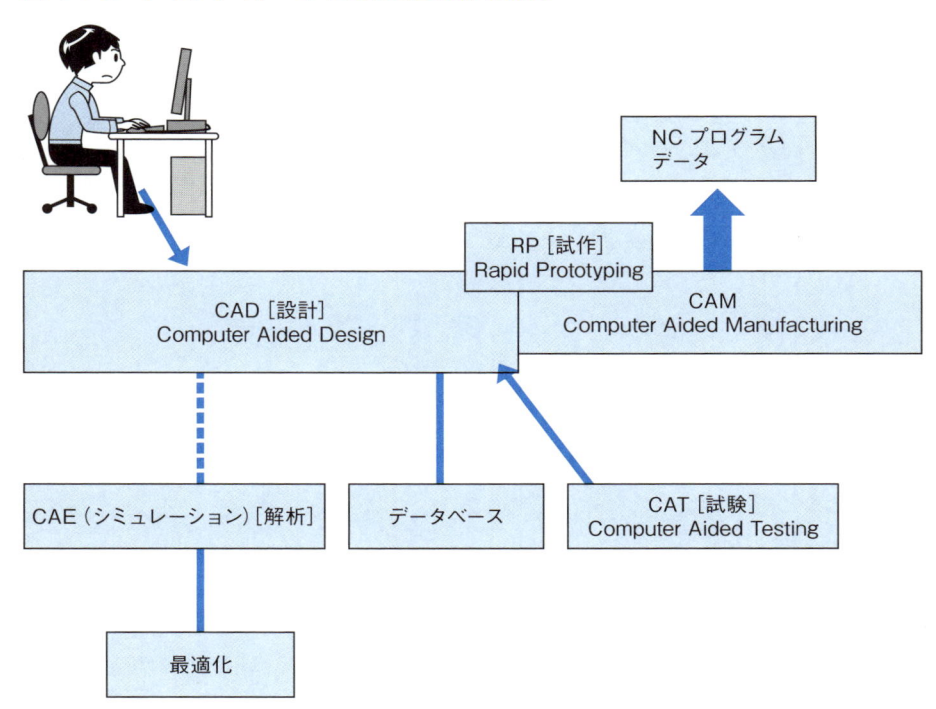

4-2 金型製作のプロセス例①（プラスチック用金型）

●金型の初期検討

　まず、発注先から金型で生産する製品（成形品）の図面（成形品の図面情報はCADデータで受け取ることが多い）が支給されます。同時に、納期と契約金額などが明示された発注書も受け取ります。その後、発注先からの図面情報にもとづいて、発注書の内容（納期、コストなど）にそった検討（初期検討）を行います（図4-2-1）。

　初期検討は、下記のような事項について構想を練りますが、「成形品を最適に生産するしくみ」を実現することが目標になります。

① 成形品へのゲート（樹脂注入口）配置と樹脂の注入方法
② ランナー（射出成形機の樹脂射出ノズルからゲートへの流路）の配置
③ 取り個数（一つの金型で一度に何個の成形品をつくるか）
④ 金型の基本構造
⑤ 金型に採用する特殊メカニズム
⑥ 金型のサイズ
⑦ 金型を取り付けるための射出成形機のサイズ
⑧ 成形品のコスト（成形品の1個あたりのコスト）
⑨ 成形材料の特徴
⑩ 予想される成形不良とその防止対策
⑪ 金型の製作コストの概略見積
⑫ その他関連事項

　金型の設計に着手する前には、このような基本的な事項について明確な基本方針を考えておきます。これらの方針にもとづいて、具体的な金型の構造設計などへ着手します。必要に応じて、基本的な強度計算や所要データの算出も行います。図4-2-2にプラスチック用金型の加工までの流れを示します。

図 4-2-1　プラスチック用金型設計における初期検討例

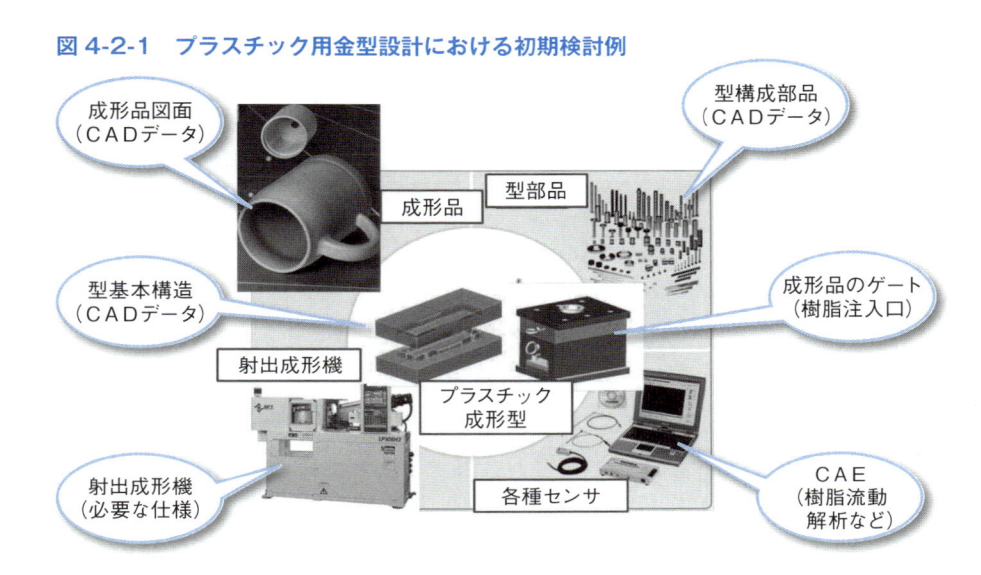

- 成形品図面（CADデータ）
- 成形品
- 型部品
- 型構成部品（CADデータ）
- 型基本構造（CADデータ）
- 射出成形機
- プラスチック成形型
- 成形品のゲート（樹脂注入口）
- 射出成形機（必要な仕様）
- 各種センサ
- CAE（樹脂流動解析など）

図 4-2-2　プラスチック用金型における製品データ、設計、加工の流れ

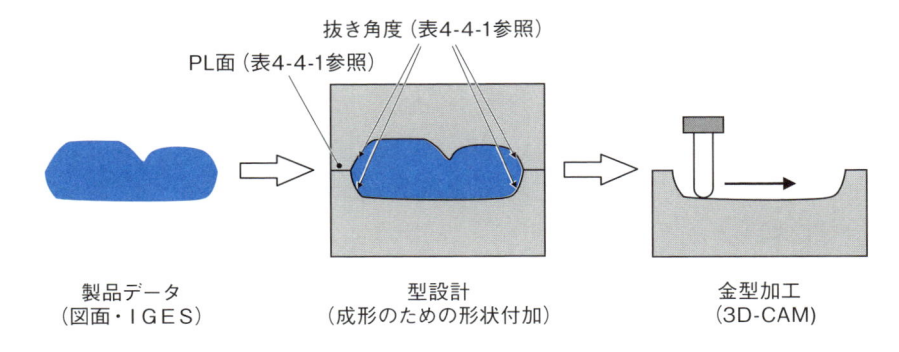

- 製品データ（図面・IGES）
- 型設計（成形のための形状付加）
  - PL面（表4-4-1参照）
  - 抜き角度（表4-4-1参照）
- 金型加工（3D-CAM）

4-3 金型製作のプロセス例②（プラスチック用金型）

●CAE（成形シミュレーション）

　金型の初期検討が終了した後、実際に射出成形したと仮定して金型の構造や機能が適切であるかどうか予測します。

　CAE（Computer Aided Engineering：コンピュータ支援技術）と呼ばれる解析ソフトは、各種製品を設計する場合に予測できる現象をあらかじめコンピュータ上でシミュレーションによる解析を行い、高信頼性の設計を指向する上で有効な手段として普及しています（図4-3-1）。

　このCAEで樹脂流動解析用ソフトを用い、技術計算によって樹脂の流れる状態や冷却状態、成形品の変形状態、射出成形時の樹脂の流動状態などを予測します（図4-3-2）。CAEの利用は、あらかじめ樹脂の流動状態や冷却状態をできるだけ正確に予測することによって、金型の不具合を事前に知って、対策を立てることが可能になり、高効率な金型設計が可能になります。

　CAEでは、3次元CADにより金型設計したソリッドデータを活用して、技術予測計算を行います。すなわち、温度、圧力、体積や樹脂の粘度などの変数からなる偏微分方程式を解いて、ある時刻が経過した時のそれらの状態を計算します。天気予報の気圧配置などの予測計算と基本的な考え方は類似しています。

　計算結果は、CRT上にカラーでアニメーション状態の表示がされ、流動状態や不具合が発生しそうな場所の特定が可能です。また、計算値でも予測データが得られますので、定量的な予測評価も行うことができます。

　計算の前提条件を実際の成形機での試作の際に合致させる工夫や、試作時の樹脂の温度や成形機の圧力や金型内部の圧力測定などを正確に行うことにより、解析結果の評価技術が向上します。

　これらの計算処理は、高い演算能力と処理速度が求められますが、今では高性能化が著しいパソコンでこれらの解析が可能になっています。

図 4-3-1　CAE の種類例

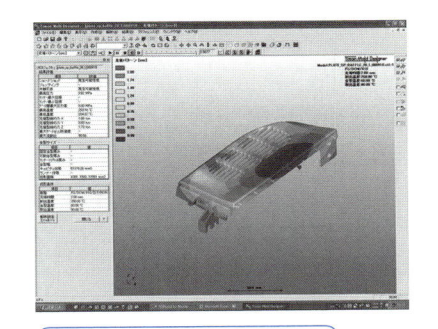

- 熱流体解析
- 樹脂流動解析
- 構造解析
- 衝撃解析
- 振動解析
- 電磁場解析
- 音響解析
- 機構解析

図 4-3-2　CAE の解析例

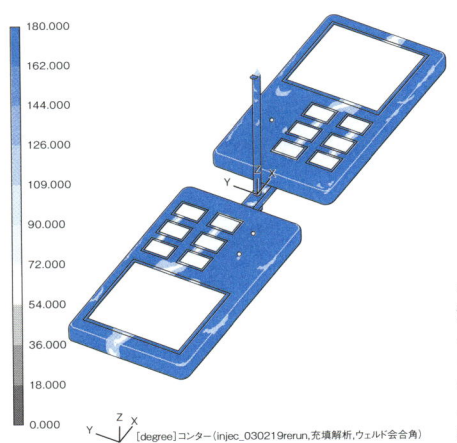

ウェルドに関する充填解析では、分流した溶融プラスチックの先端どうしが合流したときに発生するウェルドラインの発生位置を予測することができる。
ゲートの配置や成形条件を変えて解析することで、ウェルドの発生位置の変化を比較検討することができる

(㈱日本デザインエンジニアリングの資料をもとに作

4・金型製作を支えるCAD/CAM

89

● CAE による解析

プラスチック用射出成形金型の CAE で解析可能な内容例を以下に紹介します。

1) **充填解析**

金型内に溶融プラスチックが充填されていく様子をシミュレーションし、流れの分岐や合流位置などを予測します。

2) **保圧解析**

金型内に充填されたプラスチックが逆流しないように圧力を加えている状態をシミュレーションします。

3) **冷却解析**

金型内に充填されたプラスチックが冷却されていく様子をシミュレーションします。金型に設ける冷却水の流路配置などを変化させて最適な位置を見出すことができます。

4) **そり変形解析**

金型から取り出された成形品が、収縮していく過程で、そりや変形が生ずる様子をシミュレーションします。

5) **繊維配向解析**

プラスチックにガラス繊維が混ぜられている場合などに、繊維の並んでいる方向についてシミュレーションします。

6) **金型に作用する応力の解析**

金型に作用する圧縮応力やそれによって生ずる金型の変形などをシミュレーションします。一例を図 4-3-3、図 4-3-4 に紹介します。シミュレーションされた計算結果は、カラー動画によってビジュアルに表示されます。

計算結果によって、ゲートの配置やランナー配置や太さ、冷却水の循環回路などが適切かどうかを判断します。計算のためには、解析ソフトウエアに成形品や金型の形状データを入力する必要がありますが、これらの情報は、成形品の CAD データをコピーして使用することで効率的に行われます。

シミュレーション結果の評価は、複数の前提条件で計算した中で最も合理的と判断した条件を金型設計者が選択します。現在の CAE 技術水準は急速な進歩をしていますが、人工知能のレベルには到達しておらず、人間が計算

結果の中から最適解を選定する作業が必要です。

図 4-3-3　金型内の樹脂の挙動（金型内樹脂圧力・金型内樹脂温度）の計測システム例

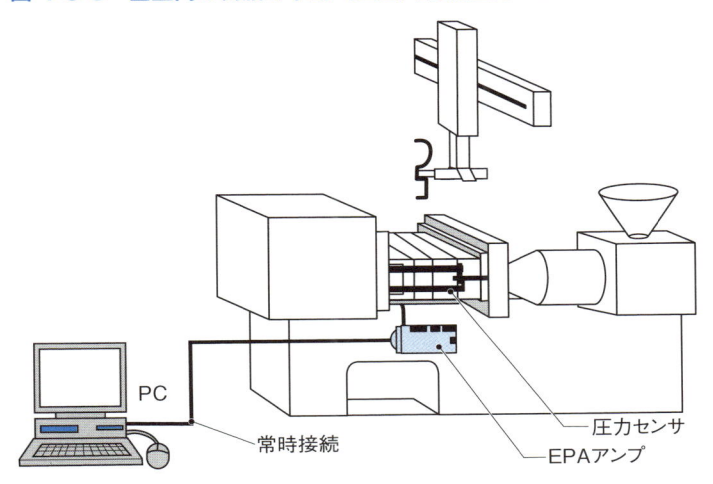

金型内に設置するセンサと外部に設置する専用アンプによって信号または電圧に変換し、パソコンや各種計測器にリアルタイムに出力する射出成形用の計測システム

（双葉電子工業の資料をもとに作成）

図 4-3-4　金型内の樹脂の挙動計測データ例

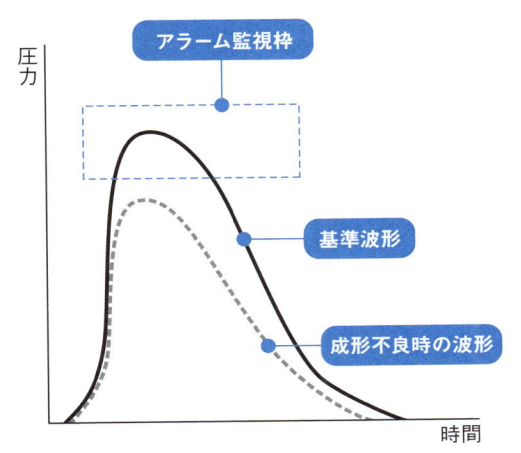

基準波形に対する波形の変動によるアラーム信号を利用し、ショートショット・オーバーパックなどの成形不良の発生を察知する

（双葉電子工業㈱の資料をもとに作成）

4-4 金型製作のプロセス例③（プラスチック用金型）

●金型設計

初期検討とＣＡＥ解析が完了すると、これらの結果を参考にして以下の金型設計を行います。
・**成形品基本図設計**
・**金型構造設計**
・**部品図設計**

●成形品基本図設計

金型設計では、2次元 CAD（X－Y平面での製図）もしくは3次元 CAD（X－Y－Z空間における立体モデル）によって図面データを構築していきます。

日本の寸法記入や記号表示などの設計は、JIS（日本工業規格）の機械製図規定が基本ルールになります。最初の成形品基本図は、所望の仕様を満足させる成形品を得るための構想図面として設計します。

例えば、ポリアセタール樹脂を使用する成形品用の金型を設計する場合を考えますと、金型のキャビティ内に射出注入された溶融樹脂が、冷却固化する際に、成形収縮現象による収縮がある一定の割合で発生します（図4-4-1）。常温で、所望の寸法の成形品を得るためには、この成形収縮する寸法を見込んだ大きめのキャビティ形状（成形品の凹み形状部）を設計することが必要になります。

成形収縮率はプラスチック材料の特性で異なり、溶融時の温度や金型の温度、成形品の板厚などによっても変動します。そこで金型設計技術者は、このような前提条件を考慮して、成形収縮率を予測し、所定の計算式によってキャビティの彫り込み寸法を決定します。

一般には、成形収縮率は、成形品の長さ寸法に対して0.2〜2％程度の値となります（1 m = 1000㎜で、2㎜から20㎜ぐらい収縮する）。

このほかにも表4-4-1に示すような、多くの検討すべき項目が挙げられます。

成形品基本図設計では金型の寿命設定も行います。金型の受注先でどのぐらいの数量の成形品を想定しているのかが目安となりますが、金型の寿命の長短によって、金型のメンテナンス構造や鋼材選定などを決定することになります。

　成形品基本図設計は、金型の最重要部を設計する工程であり、金型設計技術者の知識と経験、洞察力、判断力が必要とされます。

図 4-4-1　成形収縮現象

キャビティ
キャビティの寸法
収縮した成形品の寸法

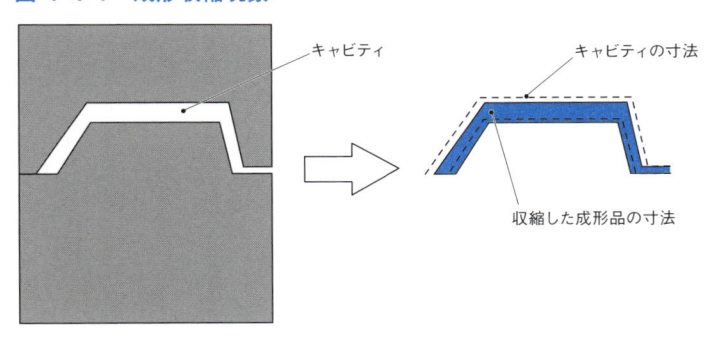

表 4-4-1　成形品基本図設計の検討項目

冷却後の成形品をキャビティから離脱する際に、摩擦抵抗によってキャビティの表面から成形品が離れにくくなる（成形品がキャビテイから離脱する容易さを判断する表現を、離型性という）対策の検討も必要。 具体的には、キャビテイの壁面を傾斜させる（抜き角度の設定という）形状の設計を行う
成形品を金型から強制的に押し出すためのピン（エジェクターピン）を配置する位置や本数、ピンの太さなどを検討する
ゲートの詳細デザインや特殊な形状部分のデザインなどを行う
成形品を金型から取り出すために、金型を分割する面（パーティング面、ＰＬ面という）を決める
キャビティやコアは、溶融樹脂から発生するガスや空気を排出する目的や、機械加工をしやすくするために分割したりする場合がある
成形品の側面に穴を設けたり、爪形状を設けたりする場合には、単一のパーティング面だけでは成形品を取り出すことができないため、スライドコアと呼ばれている側面に移動するメカニズムでこれらの形状加工が可能なようにデザインする

4・金型製作を支えるCAD/CAM

4-5 金型製作のプロセス例④（プラスチック用金型）

●金型構造設計

　成形品基本図設計が完了したならば、キャビティやコアの構造やモールドベースの構造など、金型の全体構造の設計を行います。

　成形品の形状を反転させて、キャビティ、コアは掘り込まれますが、溶融樹脂が射出注入された際に、充填圧力で割れたり、破壊しないような強度となるように設計しなければなりません。そのためには、強度計算を行い、安全率を加味して部品寸法を決定します。

　モールドベースは、キャビティ、コアを保持し、充填圧力による変形や破壊を防止できるような構造とします（図4-5-1）。モールドベースは、標準部品メーカーの選定データベースなどを使って、コンピュータ上で選定が可能です。

　モールドベースに付属する標準部品やエジェクターピンなども選定して配置を行っていきます。また、冷却水の循環回路や、分解組み立てのための穴やねじなども配置していきます。成形品基本図設計と金型構造設計が完了しますと、金型設計における頭脳作業の80%程度は完了します。この状態で、基本構想が間違っていないかどうか、検図（チェック）を行い、人為的な設計ミスを防止します。

　基本構想が間違っていますと、部品図設計や機械加工といった下流までそのままデータが引き継がれてしまいますので、源流での十分なチェックは大切です。

●部品図設計

　金型部品を機械加工する上で、加工する内容を指示する部品図面が必要になります。部品図面のCADデータは、マシニングセンタ加工用、ワイヤーカット加工用などの加工情報を生成するCAMに加工形状データを入力する上で必要です。部品図面は、機械加工用の寸法公差（例 100 ± 0.02mm）や機

械加工面の面の粗さ表示、金属材料名、熱処理工程、硬度など加工に必要な情報が盛り込まれています。

最終的に全ての部品図設計が終了した段階で、所定の内容かどうかについて最終チェック（検図）を行います。

部品図面設計が完了すれば、機械加工の工程設計と加工スケジューリング、金型コスト見積りが行われます。

図 4-5-1　金型セット例

モールドセット（プラスチック用金型）

基準面
直角基準面に基マークを表示してある

吊りボルト用穴
大型ダイセットには吊りボルト用穴が加工されている

ダイセット（プレス用金型）

（写真提供：双葉電子工業）

●金型の標準部品

　プラスチック用射出成形金型を製作するには、キャビティ、コアほか多数の部品を設計し、製作しなければなりません。準部品のバラエティは、百種類以上に細分化されて、国内でも数社が販売しています。金型メーカーは、標準部品を使用することにより、大量生産によりもたらされた低価格で安定した品質の部品を入手することができます。また納期も短く、確実なため、標準部品は金型製作には不可欠な存在となっています。

　最近では、金型用標準部品の発注は、インターネットにより行うことができるサービスも提供されるようになってきました。

　以下に、標準部品の代表例であるモールドベースと一般部品について紹介します。

1) モールドベース

　モールドベースは、キャビティ、コアなどの重要部品を収容する型板や成形機への取り付け板などからなる金型の構造部材の総称です。

　モールドベースは、一般に型板、取付け板、スペーサーブロック、エジェクタープレートなどのプレート部品群とガイドピン、ガイドブッシュ、リターンピンなどのピン形状部品群から成り立っています。

　モールドベースは、金型を製作する度に、設計された部品形状を機械加工して製作することが可能ですが、標準的な寸法や仕様を統一しておけば、設計の簡素化、製作数の削減による短納期、製作コスト低減などの効果が期待できます。

　ドイツなどヨーロッパ先進諸国、米国などでは、早くからモールドベースの標準化が進んでおり、合理的な金型製作が行われてきましたが、わが国でも各種モールドベースが生産され市販されています。

　今や、中国をはじめ世界規模に拡大して、金型の標準生産方式になっており、金型用標準部品も世界規模の生産が行われています。金型用標準部品の普及は金型生産システムを変革させ、標準構造から、金型の用途に合うような仕様のモールドベースを選定し、発注コードを指定するのみで、精度の良好なベースを短納期で購入することができ、最小の金型部品製作で金型生産を行うことができます。

モールドベースの基本構造としては、2プレートタイプ、3プレートタイプがあります。また、プレートを何枚構造にするかバラエティの選択も可能です。モールドベースのプレートに使用されている鋼材は、一般に機械構造用炭素鋼S 50 Cで、熱処理は行われていません。

　日本製のモールドベースは、メートル単位で製作されていますが、米国製は、インチ単位で製作されているため、互換性の面ではしっくりいかない点が多々あります。金型の国際調達や保守管理などを考える場合には、このような点も考慮してモールドベースを選定する必要があります。

　現在は、モールドベース選定や標準部品選定、追加工形状などの金型設計支援ソフトウエアも開発され、3次元ソリッドデータで供給ができる金型設計支援ソフト（例：「モールド図換3D」、双葉電子工業（株））も登場しており、金型設計の平準化、迅速化など設計合理化の進展に寄与しています。

　モールドベースの標準仕様部分を進化させた「カセット金型（図4-5-2）」は、キャビティ・コアの部分のみを設計製作し、標準カセットにあてはめれば金型が完成できるしくみです。比較的小さな成形品で、類似形状が多い場合には大変合理的な方式です。

　市販されているカセット金型を利用する場合は金型製作の合理化が可能になりますが、導入するには自社における適否の検討、十分な準備が必要になります。

図4-5-2　プラスチック用カセット金型例

（写真提供：双葉電子工業㈱）

2) 一般標準部品

　多くの金型用標準部品が市販されており、モールドベースと同様に標準部品を採用することにより、金型のコストダウンや製作納期の短縮が可能となります。

　従来は、エジェクターピンやガイドピンなどの限定された部品が標準部品の中心的な存在でしたが、最近は、コアピンやスライドコアなどのキャビティ・コアに関連する部品も標準化が進んでいます（図4-5-3）。

　様々な標準部品が登場したことにより、金型設計では、部品図の設計に代わって、標準部品の選定という新しい作業が発生するようになりました。適切な仕様の部品を選定するためには、部品カタログの選定基準や材質、硬度などを注意深く選定することが大切です。類似の部品であっても、メーカーが異なることによってねじのサイズや細かな形状がことなっている場合もありますので、このような点について留意が必要です。

　標準部品メーカーによっては、部品のCADデータをCD-ROMやインターネットでダウンロードできるサービスを無償で行っているところも出現し、金型構造図面の構想設計の作図効率化に大きく寄与しています。

　わが国のプラスチック射出成形金型用標準部品は、世界の中でもトップクラスに位置付けされる水準にまで到達しました。東南アジア諸国や中国の金型マーケットでも、日本製標準部品は多用されるようになってきています。

　標準部品の基本的な部品群は、JIS規格により推奨寸法が示されていますが、最近登場した標準部品の大半は、近年の金型ニーズの急速な進歩にキャッチアップするために、各民間標準部品メーカーが提案した寸法、形状がデファクトスタンダード化（事実上の業界標準）しています。

　今後の標準部品の開発は、ユーザーニーズを集約化し、より一層キャビティに近い部分の部品が商品化されるものと考えられます。さらに、実際の金型製造企業の機械加工現場や金型設計の実務で採用されているユニークなアイデアが商品化されることも進むでしょう。

　各種標準部品の仕様、購入などはインターネットを利用した情報と受発注などのサービスが急速に普及しており、世界規模のグローバルな情報、受発注など、新たな展開が進展しています。

図 4-5-3　プラスチック金型用標準部品例

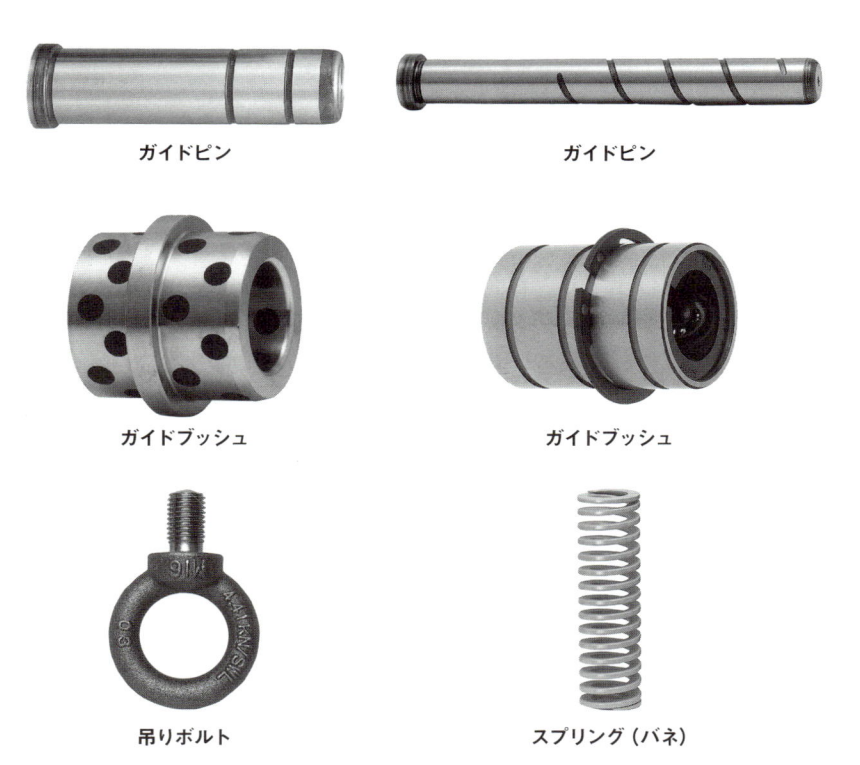

ガイドピン　　　　　　　　　ガイドピン

ガイドブッシュ　　　　　　　ガイドブッシュ

吊りボルト　　　　　　　　　スプリング（バネ）

（写真提供：双葉電子工業㈱）

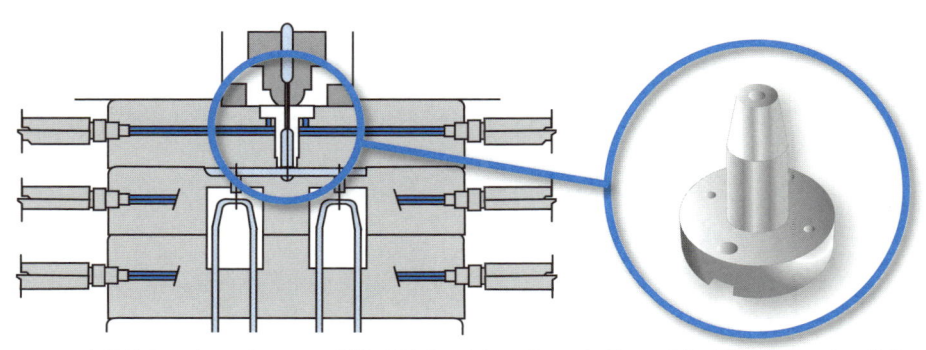

4・金型製作を支えるCAD/CAM

スリット水管付きスプルーブッシュ。樹脂成形時の冷却に用いる部品で、冷却時間を短縮できる性能を有する

（双葉電子工業㈱の資料をもとに作成）

4-6 CAMとは（マシニングセンタ用CAMの例）

● CAM の役割

　CAM（Computer Aided Manufacturing 又は Machining）は、CAD（Computer Aided Design：加工部品の形状データ）でモデリングされた加工形状を切削するのに必要なＮＣプログラムデータを生成するコンピュータシステムです。

　CAM の役割は、金型部品における所定の加工形状を切削するために、工具、工具軌跡、切削条件などを決定し、マシニングセンタの CNC 制御装置に入力する NC プログラムデータ（Gコード、Mコード、および座標系などで構成）を生成し出力することです。

　NC プログラムを生成する上で必要なディジタルデータが機能するための指示内容（加工するための工具、加工条件など）を決めるデータベースは、あらかじめ専門の技術者が構築し、コンピュータのファイルに入力しておきます。これらの詳細について、以下に説明します。

●CAMと NC データ生成

　CAM による NC プログラミング作業を、図 4-6-1 に紹介します。加工形状に対応した切削工具の選択、工具軌跡と切削条件の決定などを行い、マシニングセンタの CNC 制御に対応した NC プログラムデータを生成します。以下に CAM と NC プログラミング作業について、さらに詳細な説明を行います。

●CAMの構成（中身）を知ろう

　CAM を構成する要素は、工具経路（Cutter Location 略して CL）を計算するメインプロセッサと、得られた CL から工作機械に合わせた制御指令を生成するポストプロセッサの二つに分類されます。

図 4-6-1　CAM と NC プログラムデータ生成

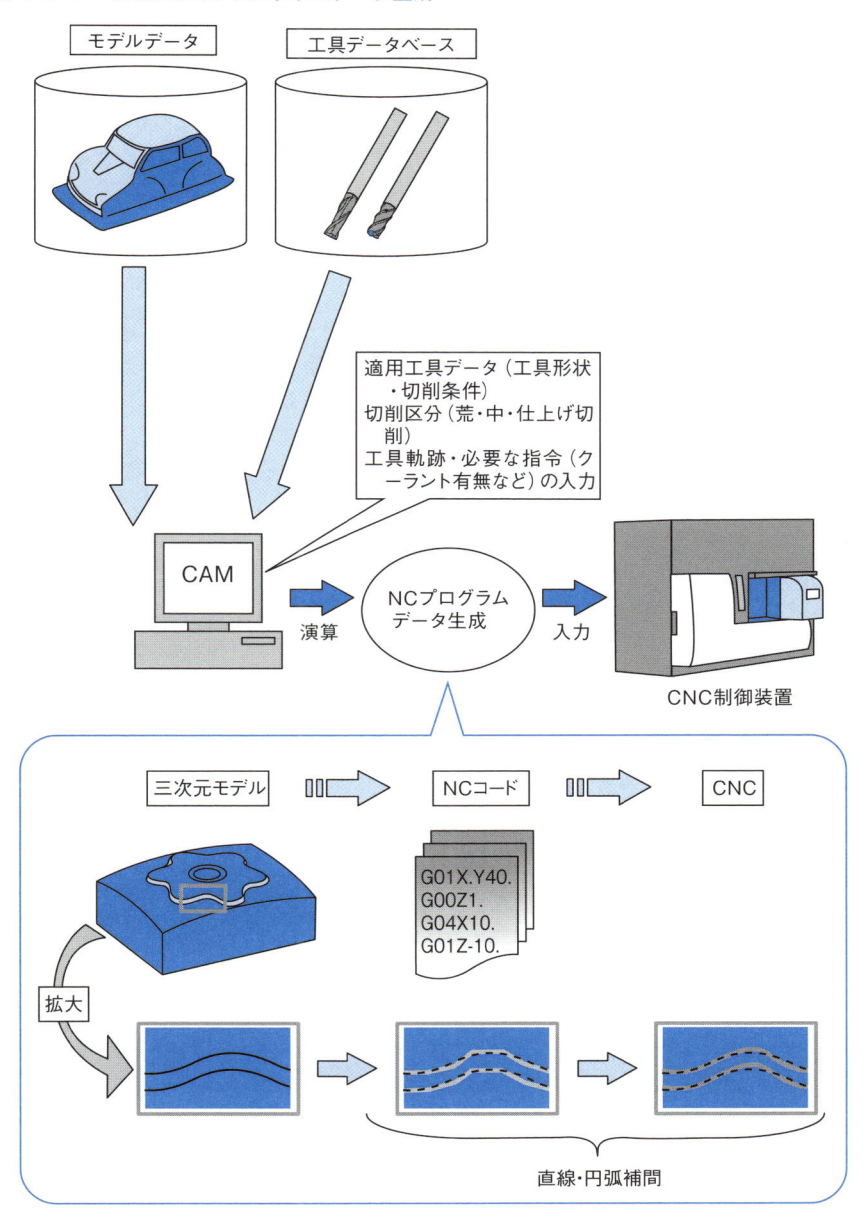

1）メインプロセッサ（CL計算）

メインプロセッサで行う計算は、CADから読み込んだ加工形状を切削するための工具軌跡を生成するために必要です。

例えば、図4-6-2はボールエンドミルを用いた曲面形状の切削を示しており、切削点（実際に工具が接触している点）が加工形状に応じて変化しても、切れ刃形状の中心（切れ刃Rの中心）位置を指定するため、加工形状断面の曲線に対し、切れ刃R寸法を移動する（オフセットと呼ぶ）のみで対応が可能です。

ラジアスエンドミルの場合は、切削点（実際に工具が接触している点）が加工形状に応じて変化するため、ボールエンドミルに比べてオフセット計算が難しくなりますが対応したCAMソフトの入手は可能です。

ほとんどの工具の切れ刃形状で工具経路とオフセット計算のトラブルは少ないですが、加工形状と切れ刃形状の組み合わせによっては「工具軌跡落ち」対策が必要な場合もあります。

2）ポストプロセッサ

マシニングセンタの制御システムごとに異なる座標系やオプションで、対応する工具軌跡（CLデータ）を出力する必要があります。したがって、工具軌跡を生成する場合、マシニングセンタに応じて「ポストプロセッサ」が必要になります。

メインプロセッサで計算した工具軌跡（CLデータ）は、適用するマシニングセンタごとにNCデータ変換がされます。

NCデータは、Gコード、Mコードと座標系で構成されています。

Gコードは早送り、切削送り（直線補間と円弧補間）などの工具の動きを記述する記号で、動きの種類と開始点や終了点の座標値、F値による送り速度、S値による回転数のなどの幾何学的な動き（GeometryのG）指定で、Mコードは主軸回転の開始や、クーラント、ATC（工具自動交換）などの機械（MachineのM）固有の動作の指令群です。

図 4-6-2　ボールエンドミルによる曲面切削時の切れ歯部と切削機能

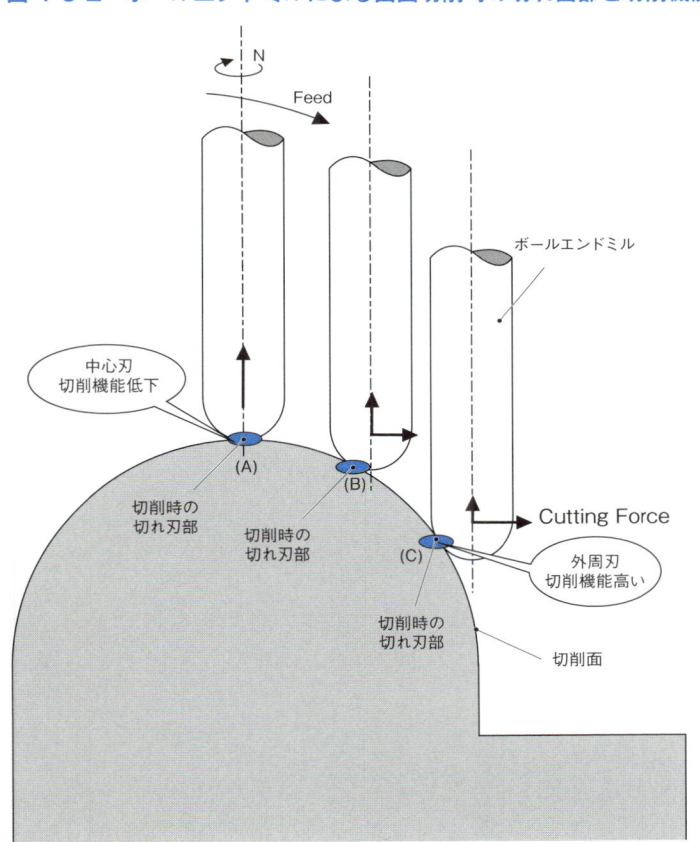

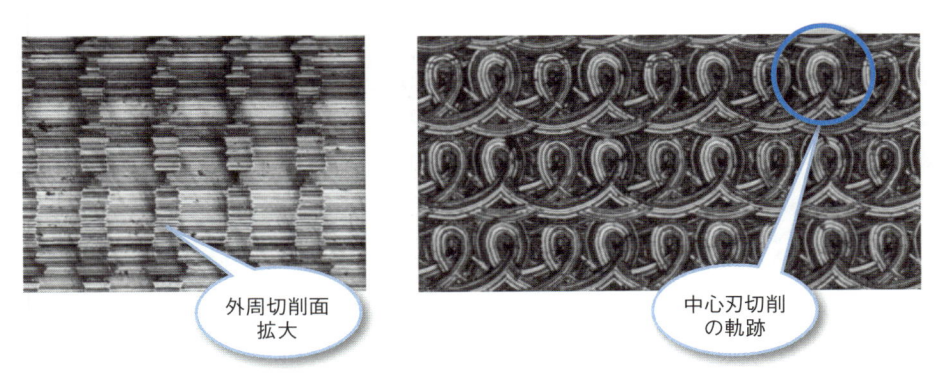

ボールエンドミルの中心刃と外周刃切削の切削面例

● CAMのデータファイル

　ＣＡＭは、以下に紹介するデータファイルで構成されています。
① 切削工具の種類（例：スクウェアエンドミル、ボールエンドミル）、工具材種、工具径・工具長のサイズなど、加工に必要な内容が記述されている工具ファイル。
② 切削工具の切削速度（又は回転数）、送り速度（1刃当り送り量）、切り込み量などの切削条件が記述されている加工条件ファイル。

CAMは、これらのデータファイルを、編集ダイアログで切削加工に必要なデータを入力、かつ修正できる機能を有します。例えば、図4-6-3は、工具データ、および条件ファイルを示しており、適用する切削工具は、全てこのデータファイルに登録します。

● CAMのデータベース構築

1）工具データファイル

　CAMのファイルに収録する工具データは、切削の高度化を指向するための基礎データであり、加工形状、精度、被削材などの加工条件に最適な工具の選択が重要です。
　すなわち、
① 荒切削用の切削工具選択は、素材から所定の形状に加工する場合の工具、工具軌跡、切削条件を想定、それらの条件に最適な工具形状（切れ刃形状、工具径と有効刃長、シャンク径）の順で決定します。
② 工具径、シャンク径を最小限に抑えて工具標準化を指向することで、最適な工具選択（工具材種、工具メーカー）と保持具の合理化の効果が期待できます。

　同時に、荒加工の削り残しや段差の発生などによる切削時のトラブル解消、切削面精度の向上、および工具軌跡の生成が簡素化できるなど多くの効果も期待できます。

　金型の曲面切削はボールエンドミルの適用が一般化していますが、例えばラジアスエンドミルを選択すると、ピックフィードを大きく取れるため飛躍的な高能率化の実現が可能になります（図4-6-4）。

このように工具データファイルに収納する切削工具の選択は、金型加工の精度と能率化を指向する上で重要なポイントといえます。

図 4-6-3　工具データを CAM に入力する際の画面例

工具形状

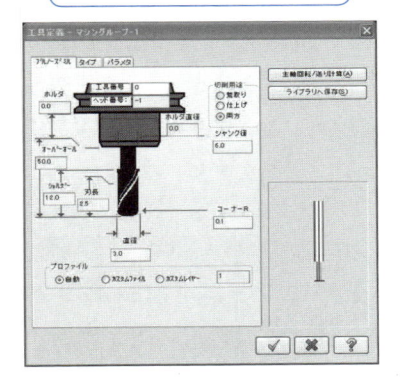

切削条件など

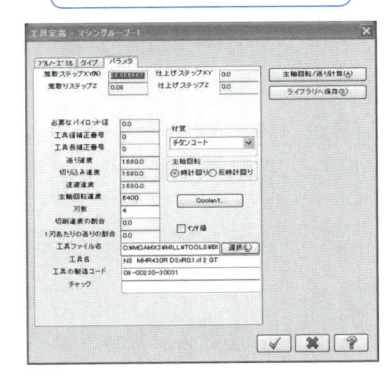

（提供：日進工具データ）

図 4-6-4　ボールエンドミルとラジアスエンドミルの切削効率比較

被削材：STAVAX・52HRC
使用工具：ラジアスエンドミルφ2×R0.5
　　　　　R1 ボールエンドミル
　　　　　（いずれもコーテッド超硬合金）

回転数：20,000min^{-1}　　送り速度：3,000mm/min　←共通
ラジアス→切込み：0.05mm（AD）×0.6mm（Rd）
ボール→切込み：0.05mm（AD）×0.05mm（Rd）

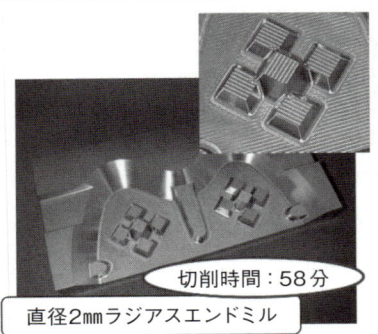

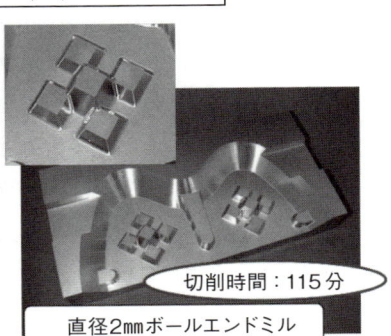

切削時間：58分　　直径2mmラジアスエンドミル

切削時間：115分　　直径2mmボールエンドミル

（写真提供：日進工具データ）

4・金型製作を支えるCAD/CAM

105

2） **工具軌跡と切削条件データファイル**
① 工具軌跡

　工具軌跡の最適化は、切削時間短縮と工具寿命延長に大きな影響を及ぼします。図4-6-5は、現状用いられている工具軌跡例を紹介していますが、工具の切れ刃形状と工具軌跡の組み合わせを最適化することが必要です。すなわち、最短な工具軌跡で切削を終了でき、かつ平均送り速度の高い工具軌跡の選択が、基本的な考え方であり、所定の形状を合理的な切削で終了させる上で重要なポイントと考えられます（図4-6-6）。

　そのためには、工具の実送り速度（NCプログラム指令値ではなく、切削時の工具移動速度：mm/min）を高めることが可能なこと、工具移動長さが短く正味切削時間と工具の摩耗を少なく抑えられことなどが挙げられます。

② 切削条件

　切削条件は、工具特性を最大限に発揮できることが前提であり、工具切れ刃の負荷（切り込み量）を最優先に考慮することが重要です。すなわち、荒切削では、切り込み量と送り量（1刃当たり送り量：mm／刃）の限界領域を把握することが必要です。仕上げ切削の場合、切り込み量と送り量は、仕上げ精度（寸法と面粗さ精度）で限定されるため、切削速度の設定になります。工具寿命は、荒切削では送り量を多くすることが有効な対応であり、荒、仕上げ切削とも切削速度の最適化（特に低切削域を避ける）も重要なポイントになります。

● CAMの種類と選択基準

　現在市販されているCAMは、2次元、2.5次元、および3次元に区分されますが、多くのメーカーから紹介され、多種多様です。

　とりわけ、金型用CAMは多く、対象ワークが小物から大物、精密から高能率指向、3軸制御と5軸制御マシニングセンタ向け、放電加工用電極加工向けなど、多岐にわたっています。これらは、図4-6-7に示したように、低コストで限定した用途と性能向きのローエンド、高機能化が進み適用が拡大しているミッドレンジ、CAE機能を含むフルレンジ、かつ本格的なハイエンドに分類できます。

　このように多くの中から、自社の生産に最適と考えられるCAMを選択す

ることはかなり難しい作業ですが、概ね、以下の内容について考慮することが必要でしょう。

① CADデータからの読み込みは、読み込みエラーが少なく、かつ読み込み時間が短いこと。
② 工具軌跡データの生成における、工具軌跡落ちなどのエラーを無くし、かつ計算時間の短縮が可能なこと。
③ 実切削時間が短い工具軌跡が理想的ですが、合理的な切削を指向した工具軌跡が多く含まれていると比較的に有効な選択が可能になります。
④ 高硬度鋼の切削、高精度な切削、微細形状の切削などが多い場合は、高速ミーリング対応のCAMの選択が効果的です。

図 4-6-5　加工形状と工具軌跡例

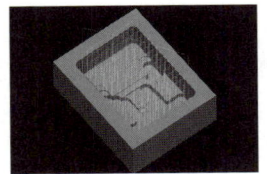

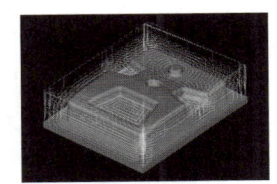

突き切削工具軌跡　　　等高線切削工具軌跡

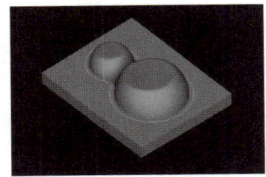

ペンシル切削工具軌跡　　隅肉切削工具軌跡

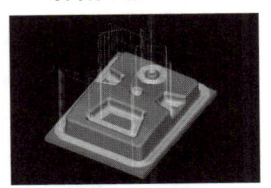

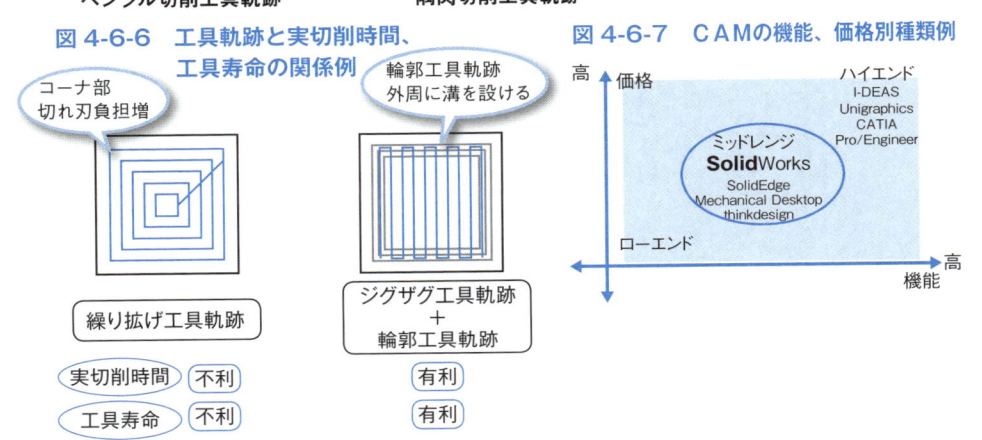

図 4-6-6　工具軌跡と実切削時間、工具寿命の関係例

図 4-6-7　CAMの機能、価格別種類例

ハイエンド
I-DEAS
Unigraphics
CATIA
Pro/Engineer

ミッドレンジ
SolidWorks
SolidEdge
Mechanical Desktop
thinkdesign

ローエンド

107

❗ ラピッド・プロトタイピング（Rapid Prototyping）

　ラピッド・プロトタイピング（積層造形、RP）技術が世に出現してから20年以上が過ぎています。3次元CADデータで表現された形状を具現化する技術として驚嘆されたものです。今では3Dプリンタと聞いたほうがピンとくるかもしれません。コンピュータ技術の進展によって、工業製品の外観、内装、機能などの設計は3次元CADを用いるのが当たり前になってきました。初期のRPでは使用される材料に制限があったために、機能などが評価されるところには使用されませんでした。主に、外見のモデル（モックアップ）をいかに早く製作するかに使用されてきました。したがって、直接、機械部品や製品も製作することができませんでした。

　しかし、これを応用して型をつくるRapid Tooling、造形したままで実用品として使用するRapid Manufacturingへと応用が展開しています。

　わが国では光硬化性樹脂を用いた積層法（日本で開発された）が多く使用されてきましたが、実際の素材を使える熱溶解積層法タイプのRPを利用した簡易金型・冶具の製作や実部品製造という用途も徐々に増えつつあります。

　また、この分野での研究開発はRapid Manufacturingへ移行しています。近年、小型・低価格タイプのRPである3Dプリンタが普及してきており、製造業を中心に様々な用途で使われ始めています。将来の製造業のキーワードとして、テーラーメイド、オーダーメイドが重要視されています。ユーザーが独自に設計したデータをもとにして本人しか所有しない製品、あるいは医療機器などの製作にRMの考え方は大きなヒントを与えるのではないでしょうか。

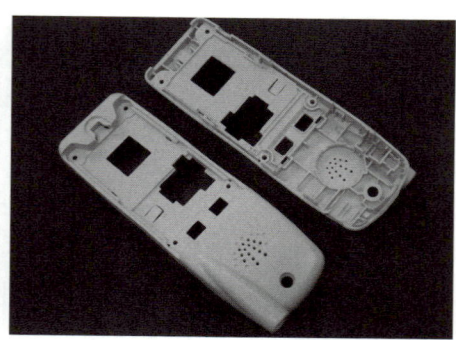

金属粉末焼結法と高速ミーリングの複合化技術によって製作した金型概観とそれを用いて製作した射出成形品

（写真提供：㈱アスペクト）

第5章

金型製作

いよいよ金型を製作します。
この章では、金型をつくるための加工方法や使われる道具の
特徴などについて説明します。

5-1 金型はどうやってつくるのか①

●金型加工法の種類

　金型の種類は多岐にわたっています。したがって、どのような製品をつくる金型かによって加工法も変わってきますが、実際に使用される加工方法の原理はそう多くはありません。

　形をつくる方法は、除去加工、成形加工、付加加工が代表的なものです。除去加工は不要な部分を除去することによって、成形加工は材料を変形させることによって、付加加工は材料をつなぎ合わせることによって、それぞれ所望の形状を得る加工方法です。この中で、金型加工に用いられる方法としては除去加工がもっとも多く、切削加工、研削加工、放電加工がその代表です。ただ、一つの加工法だけで形をつくって完成させることは少なく、多くの加工法を組み合せて要求に応じた仕様・機能をもつようにつくられます。

　要求される部品あるいは形状をつくるには、いろいろな方法を選択することによって可能になりますが、どのような方法を用いるかは、

・どんな材料を使って、その材料のどんな特性をいかすのか？
・どんな形状をつくりだすのか？
・寸法精度、幾何精度は？
・表面性状は？
・コストは？

などによって決められます。材料、加工方法、加工条件の選択が不適切な場合には種々のトラブルが発生します。

　除去加工は、先に挙げた形をつくる加工技術の中では最も汎用性があって、ほかに比べると様々な要求に応えることができる加工法です。図5-1-1に代表的な除去加工例を示します。また、その特徴を表5-1-1に示します。

　金型などの3次元形状加工では、除去加工の中でも切削、研削、放電加工が一般的に使用されますが、その中でも切削加工が最も多く用いられます。

図 5-1-1　代表的な除去加工例

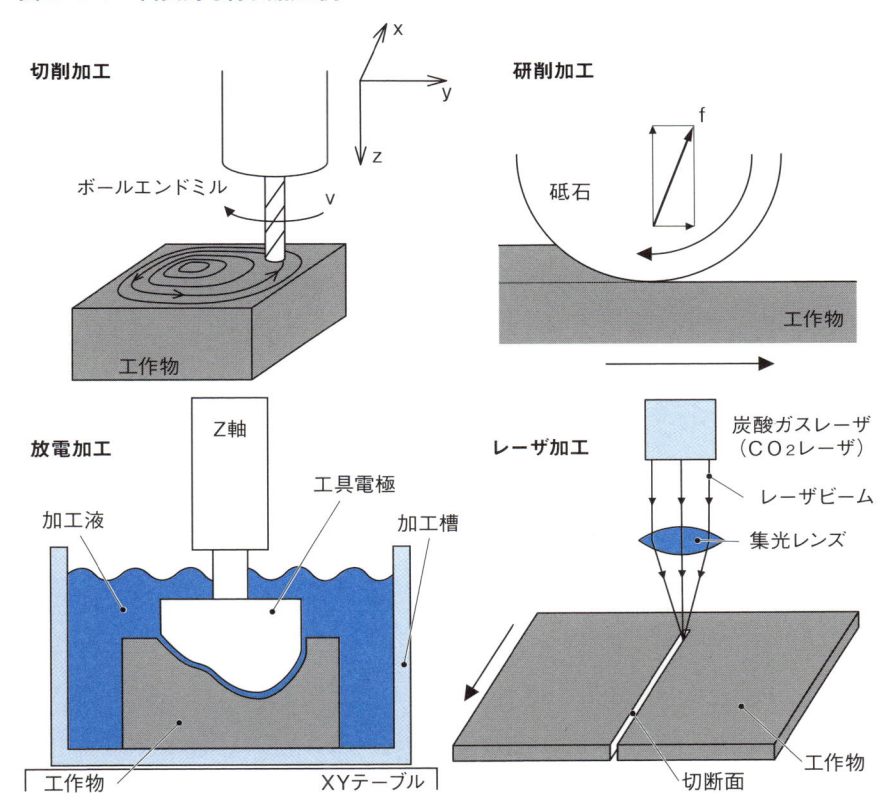

切削加工
ボールエンドミル
工作物

研削加工
砥石
工作物

放電加工
Z軸
工具電極
加工液
加工槽
工作物
XYテーブル

レーザ加工
炭酸ガスレーザ（CO_2レーザ）
レーザビーム
集光レンズ
切断面
工作物

表 5-1-1　除去加工の特徴

長所	短所
・変形加工に比べて寸法精度が高い ・変形加工に比べると種々の複雑形状が加工できる ・ほかの方法で得られないような特別な表面特性や表面模様が容易にできる ・経済性に優れている	・変形加工に比べて歩留まりが悪い ・材料の不要な部分を除去するのに時間がかかる ・適切な加工をしないと表面品質や特性を悪くしてしまう（加工一般にいえる）

5-2 金型はどうやってつくるのか②

●金型形状加工法の選び方

　金型の形状加工では、切削加工、研削加工、放電加工が主に用いられることを説明しました。それではこれらの除去加工をどのように選択しているか、言い換えればどの加工方法を用いるのが良いのかを以下に説明します。

　図5-2-1にその選択法の一例を示します。これが最も一般的な棲み分けの考え方です。焼入れがしてある50HRC以上の硬度を有する鋼材で、しかも浅い金型部品やダイプレートのような板材には、研削が主に使用されます。硬度が低くてもダイカスト用金型のように深い金型や超硬合金製の金型に関しては、放電加工を適用しているのが一般的です。それ以外では切削加工が多く用いられるようになっています。最近の傾向としては、切削加工が適用範囲を拡大しているようです。

●適用範囲が拡大する切削加工

　放電加工と回転工具（図5-2-2）を使用する切削加工を比較してみましょう。放電加工は電極を用いて切削し、金型を製作しています。この電極の切削加工を回転工具を用いた直彫りに置き換えれば、切削と放電を併用して加工していた金型加工を切削のみで製作することが可能になります。そうすると、電極切削工程と放電工程が金型切削工程のみに集約することができ、大幅な加工時間の短縮が可能になります。実際に、これまで放電加工で行っていた金型加工を切削加工に代替している例が多く見られます。

　一方、焼入れ鋼材などの高硬度を有する金型加工でも、工具材質・設計の改良、焼き嵌めホルダーなどのツーリングシステムの開発、スピンドルの高速化（工作機械本体の高度化）などにより切削可能な領域が拡大してきています。

　どうしてL/Dを縦軸にとっているかというと、工具が長くなれば切り込みは一緒でもモーメントという力が余分に加わって変形（たわみ）し、工作

物から逃げるため精度良く削られなくなるからです。
　このような観点から本章では主に切削加工に重点をおいて説明します。

図 5-2-1　金型加工の選択法の例

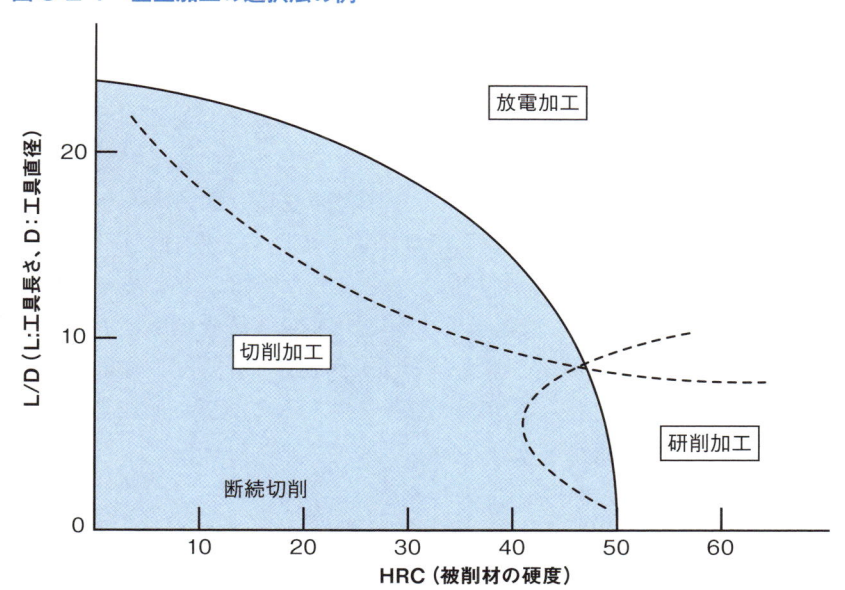

図 5-2-2　代表的な回転工具

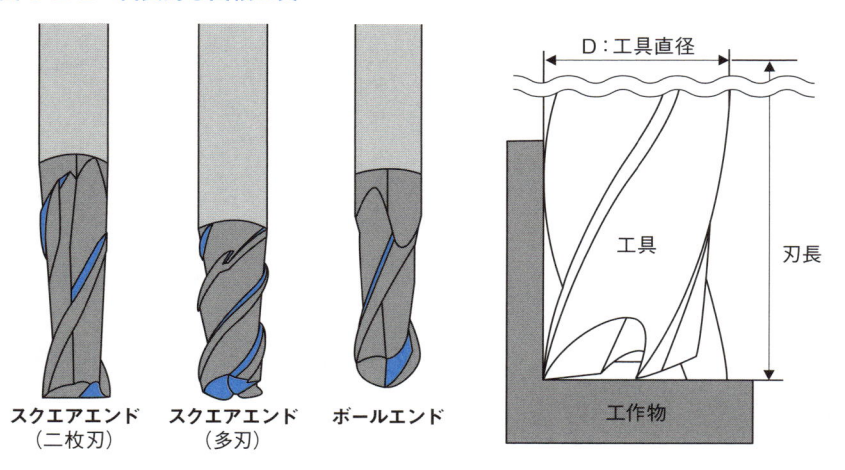

5-3 切削加工の基礎

●2次元切削

　切削加工は、鋼などの被削材をそれより硬い工具の刃先で削り、切屑をだして希望した形状の製品をつくりだす加工です。工具には、すくい角、逃げ角がつけられています。図5-3-1に示すように、切り込み深さtで切削する場合、切削される部分が工具すくい面ACによって圧力を受けて圧縮され、AB面でAからB方向にせん断が生じ、厚さtcの切屑となってAC面を連続して流出します。ここにでてくる3つの面は特に重要な個所で、それぞれ①せん断面AB、②すくい面ACおよび③加工面AEです。せん断面にそって被削材から切り裂かれたものが切屑になります。すくい面では工具と切屑の摩擦による工具摩耗が問題となり、加工面は工具の逃げ面摩耗、仕上げ面粗さおよび面の残留応力が問題となります。

　平削、形削および旋削において、切れ刃が直角方向に垂直な場合を2次元切削といい、図5-3-1はこれにあたります。実際の断続加工では、このように連続的に切屑は流出しないので2次元切削とは異なります。

●フライス切削とボールエンドミル

　フライス切削は図5-3-2に示すように、切れ刃①と次の切れ刃②が描く軌跡をそれぞれAB、ACとすると、切れ刃②が切削する面積はABCであり、先の2次元切削において、切り込み深さtが0から最大厚さtmまで変化するのに相当します。反転するか被削材を反対方向に送ると、最大厚さtmから0まで変化するのに相当します。

　ボールエンドミルの場合はさらに複雑で、刃先稜線が半球上にあってねじれているために図5-3-3に示すようなモデル図になり、切屑は扇形となります。もちろん切屑形状はこのねじれ角と切削条件によってかなり変化します。しかし、2次元切削をイメージすれば、その際の加工条件を修正することで3次元切削におおよそ適用できます。

図 5-3-1 2次元切削モデル

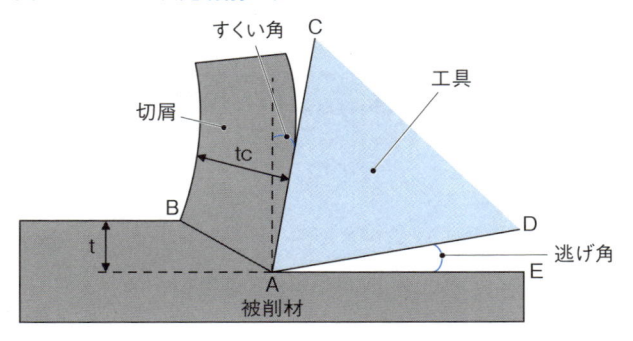

図 5-3-2 フライス切削モデル

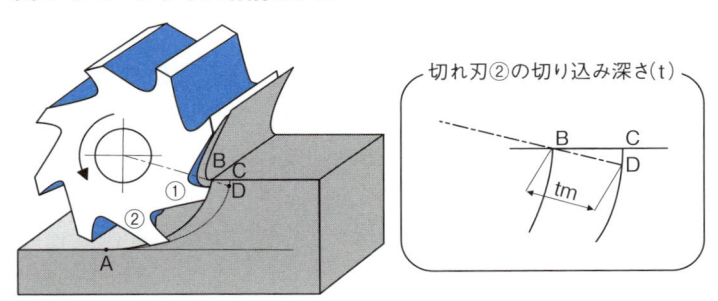

図 5-3-3 ボールエンドミルによる3次元切削モデル

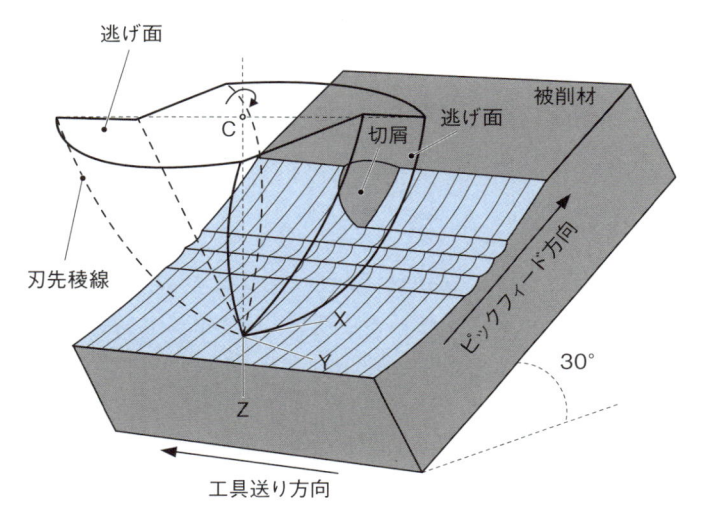

5-4 切削条件の要素

●どんな加工条件が重要なのか

切削条件の設定は加工システムを構成する要素ごとに行なわれます。つまり、どのような形状に加工するかによって多少加工条件は変わりますが、共通する条件も多いのです。主に金型の形状加工に用いられるエンドミル加工において設定される各加工パラメータを以下に記載します。

1) 切削速度

断続加工での切削速度とは、実際の工具刃先と被削材間での相対速度のことです。これが変われば変形領域での被削材のひずみ速度や切削温度が変わり、切屑生成機構に大きな影響を与えます。切削速度は各要素と密接な関係があるので、それぞれの要素が悪影響を及ぼさない範囲で速くしたほうが良いといえます。図5-4-1に超硬ボールエンドミルを用いて鋼材を切削した際の実切削速度と逃げ面最大摩耗幅の関係を示します。旋削加工と違って必ずしも単調増加にはならず最適値が存在します。

2) 切り込み深さ

切り込みを大きくすると加工効率は上がりますが、切削抵抗は上昇し、工具損傷などが発生しやすくなります。またびびり（工具または被削材の振動）が生じやすくなり、加工面のうねりも大きくなります。これらの悪影響が生じない範囲で大きくしたほうが良いでしょう。

3) ピックフィード

図5-4-2に示すように、この値はピックフィード方向（工具送りに対して垂直方向）の表面粗さを決定します。振動や構成刃先などの擾乱要因がない場合の幾何学的理論粗さは、近似的にPf2／8R（Pf：ピックフィード、R：工具半径）で与えられます。同じ加工条件なら工具半径が大きいほど、ピックフィードが小さいほど、粗さが小さくなります。しかし、最終仕上げ半径が決まっている形状では、それより半径が大きな工具を使用できません。また、ピックフィードを小さくすれば、それだけ加工時間は増大することにな

ります。両者の兼ね合いで最適値が決定されます。とくに高速ミーリングでは、回転数を上げて高送りすることで加工時間の短縮が実現されています。

図 5-4-1　ボールエンドミルと旋削した際の摩耗の違い

- ●R10　超硬ボールエンドミル
- ▲超硬チップ：旋削
- 切り込み深さ：0.5mm　ピックフィード：0.8mm
- 1刃の送り量：0.15mm刃（mm/rev）
- 切削長：約56cm
- 被削材：HPM1（die steel,43 HRC）乾式切削

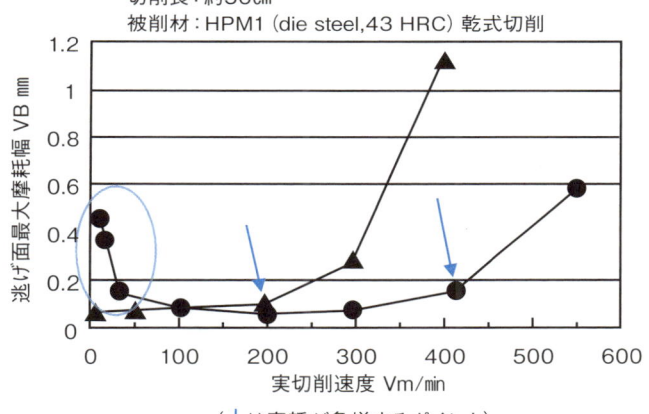

（↓は摩耗が急増するポイント）

図 5-4-2　ボールエンドミルで切削した際の表面の粗さ

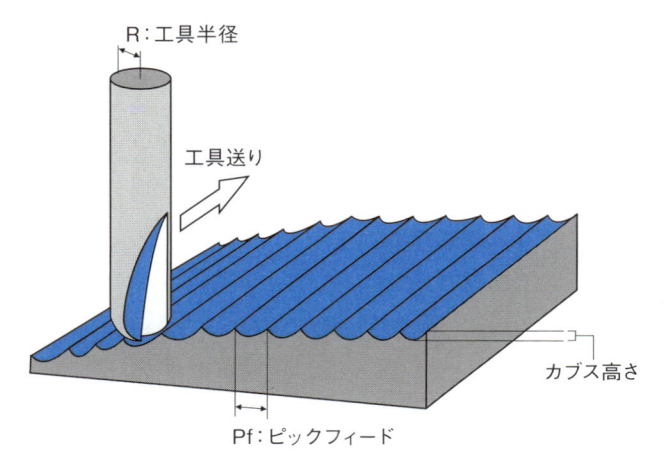

4) 1刃の送り

1刃の送りは、工具送り方向の表面粗さを決定します。工具半径に比して送りが小さい従来のミーリング加工では、この粗さはそれほど大きくありませんでした。最近では高送りで切削するようになってきており、ピックフィードと1刃の送りがほぼ同等の値で切削した場合、いずれの方向も同じ粗さで仕上げ加工できるようになってきています。できるだけ大きな値をとったほうが工具摩耗を少なくすることができます。

5) 切削方向

加工物への刃先の切り込みが、小さいほうから次第に厚くなる切削をアップカット、この逆をダウンカットといいます。両者の切削は切削抵抗のかかり方や加工面への影響が大いに異なります。一般的には加工面精度が要求される場合はアップカットで、除去量の多い加工ではダウンカットで切削するのが有利です。

図5-4-3に切削方向の違いが工具摩耗に及ぼす影響と加工面性状を示します。この条件ではダウンカットのほうが摩耗は少なく、アップカットのほうが面性状は良好です。しかし、どちらか一方向を選択して切削した場合は、次の加工位置に移動するという実際に切削しないエアカットの時間が極端に長くなるために加工効率は落ちます。アップとダウンの併用による往復加工でも面粗さがそれほど悪くならない場合は、両者を併用したほうが良いでしょう。

6) 切削油剤

切削油剤の効果は、切屑清掃、高温になった刃先近傍の冷却、刃先近傍・被削材間の潤滑が考えられます。切削油剤の効果は、旋削のような連続加工とミーリングのような断続加工では明らかに異なります。旋削加工では切削点をねらって、切削点近傍に切削油剤を供給することが可能ですが、ミーリングでは切削点が回転しているために不可能です。

最近では切屑清掃が主目的で切削油剤を使用する場合が多いようです。またミストあるいはMQL（Minimum Quantity Lubricant）などのように、少量の切削油剤を使用する場合も多くなっています。特に高速ミーリングでは乾式切削が有効であり、環境問題対策には有効です。

7) その他

切削条件は、切削熱、切削抵抗、表面粗さ、寸法精度、工具寿命・損傷などに大きな影響を与えるので、最適な条件を見出すことが重要です。切削する場合の各要素が変化した場合は、これに応じて試し切削をやらなければ最適化は難しいといえます。

図 5-4-3　アップカットとダウンカットの切削面粗さの違い

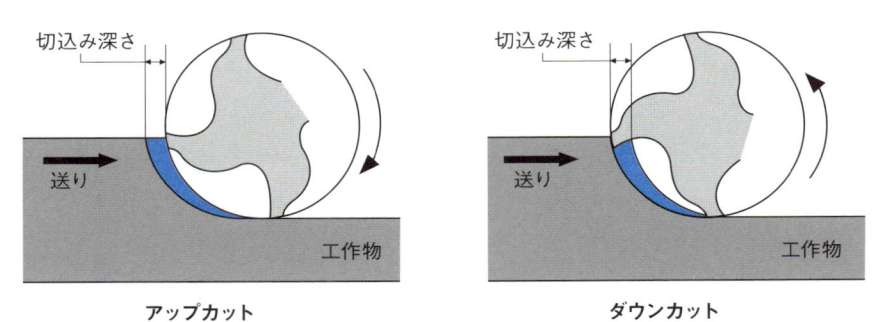

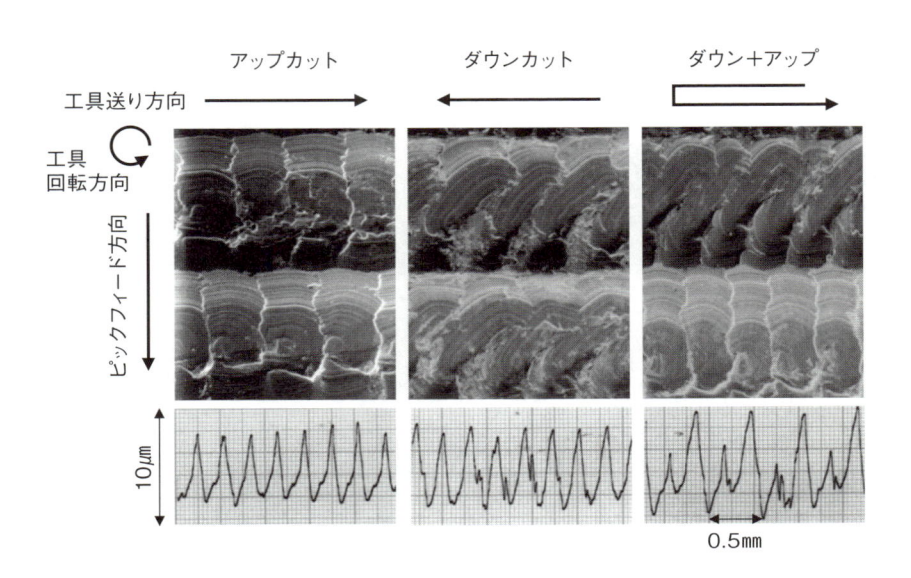

5-5 NC加工とその特徴

● NC加工とは

　NCとは　Numerical Control（数値制御）の略です。旋盤やフライス盤で加工する場合、人がそれを動かしていました。複雑な形状になると熟練が必要で、複雑な形状を加工できるようになるまで長い年数がかかりました。それをNCプログラムによって、
・加工する位置
・加工する軌跡
・使用する工具や治具
・加工速度などの条件
を指定し、自動的に加工できるようにした方法をNC加工といい、NCプログラムによって加工できる工作機械をNC工作機械といいます。

　最近ではコンピュータを用いた設計や加工によって、自動的に効率良く金型の形状加工ができるようになっています。これはCAD/CAMと呼ばれています（第4章参照）。

● NC加工のメリット

　金型の形状加工は、モデルからのコピーによる倣い加工（マスター鍵から合鍵をつくるような手法）→NCフライスによる加工→マシニングセンタによる加工と高度化されてきました。
　NC工作機械による具体的なメリットを以下に示します。
・NCデータを入力すれば、人はほかの仕事ができる。
・人による加工ミスがなくなる。
・精度のバラツキが少なくなり品質が良くなる。
・加工中断時間が短縮される。
・治具・工具などが簡易化され、経費が削減できる。
・サイクルタイムが分かるので生産計画が容易である。

・データを転用できる。
・熟練度がいらない。
　これらのことから高精度で高効率な生産が可能になります。
　実際の NC プログラムは、アドレス（F、G、M、X、Y、Z）とキャラクタ（数字）の組み合わせで動きを指令します。簡単なプログラムの一例を図 5-5-1 に示します。

図 5-5-1　簡単な NC プログラム例

	シーケンス番号	プログラム
1	N0010	G40G49G80;
2	N0020	G92X0.0Y0.0Z0.0;
3	N0030	G90G17;
4	N0040	/S1800M03;
5	N0050	G01X70.0Y100.0F200;
6	N0060	G01G41X65.0Y100.0H01;
7	N0070	G01Z-25.0F50;
8	N0080	G0315.0F100;
9	N0090	G01Z0.0F200;
10	N0100	G40X120.0Y100.0;
44	N0440	M05;
45	N0450	M30;

最初に G92 で座標を設定して原点を決める。どこかに原点を決めてやらないといけない

⬇

G90 は絶対座標系で、原点からの距離で表示するという意味。G17 は X-Y 平面を指定している

⬇

S1800 は主軸の毎分当たりの回転数を指定している。M03 は主軸を正回転させる指示

⬇

G01 は直線補間（切削送り）を、X、Y はそれぞれの原点からの位置を、F はその時の送り速度（mm 毎分）を示している

⬇

G41 は工具径の補正を、G03 は円弧補間を示している

⬇

M05 は主軸停止、M30 はプログラム終了。複雑形状では、CAM からこのようなプログラム群を自動生成するようになる

5-6 マシニングセンタによる金型加工

●マシニングセンタ（M/C）とは

　コンピュータを用いた NC 加工機は、複雑形状を加工する上で必要不可欠な機械です。しかし、NC 加工機だけでは多種類の加工をする際に、工具を人が交換したり、周辺装置も人が操作したりしなければなりません。金型加工では種々の加工工具を用いて、いろいろな加工をしなければなりません。現在、このようなことができる工作機械はマシンニングセンタ（Machining Center：以下 M/C と略記）と呼ばれ、多くの生産現場で使用されています。

　M/C の JIS（日本工業規格）による定義では、「主として回転工具を使用し、工具の自動交換機能を備え（ATC：Automatic Tool Changer）、工作物の取り付け替えなしに多種類加工を施す数値制御工作機械」となっています。

　M/C は以下に示すような機能を必ず有しています。
・X、Y、Z の 3 軸以上の送り駆動ができる。
・工作物を削るための工具が取り付けられる回転する主軸（スピンドル）が装備されている。
・工具が自動で交換できる ATC が装備されている。
・上記の動きがコントロールできる NC 装置が装備されている。
・自動で長時間無人化可能な周辺装置（切削油剤供給装置、切屑処理装置など）が装備されている。

●今後期待される M/C とは

　金型加工では M/C と CAD/CAM は当たり前になってきました。これからもさらなる発展が期待されています。

　例えば、どのような形状でも加工ができ、ほかの加工が複合化できる多機能化・多軸化や、より高速で加工ができる超高速加工機です。リニアモータの採用により高速で送ることができる M/C がでてきました。併せて高回転の主軸（小型で毎分 15 万回転）もでてきていますが、もっと高速回転が必

要なものもあります。

　また、ナノ加工機の出現によって数 nm（ナノメートル）の粗さで加工できる工作機械がでてきました。超精密 M/C でもナノ加工可能になってきています。光学系の金型では、より高精度な加工ができる M/C が期待されています。さらに、学習や教育、シミュレーションなどができる M/C も期待されています。コンピュータの発達に較べて M/C で使用する NC 装置は進んでいません。現在のコンピュータでできる機能を M/C に盛り込んでさらに進化させることが重要です。

　図面と材料をセットすれば金型ができてくる M/C が究極の姿ですが、設計も段取りも人がやっているのが現状であることを忘れてはいけません。

　図 5-6-1 に M/C の加工風景を図 5-6-2 に 5 軸制御 M/C で加工した金型モデルを示します。

図 5-6-1　マシニングセンタの外観とその加工風景

図 5-6-2　5軸制御マシニングセンタによる加工事例

5-7 放電加工による金型つくり

●放電加工とは

　金型の形状加工法の一つに放電加工（EDM: Electric Discharge Machining）があります。

　放電加工は、工具電極と工作物（金型）間に直接放電を発生させて、これにともなう熱的作用や力学的作用を利用して形状加工する方法です。放電現象は、普通の状態では絶縁体（電気が流れない物質）である物の中を電流が流れるようになる現象です。空気や純水、油などは絶縁物ですが、雷のように空気中を電気が流れるような状態を放電といいます（図5-7-1）。

　図5-7-2に型彫り放電加工機の外観と加工風景を、図5-7-3にグラファイト電極とそれによって加工された機械部品を、また電極をロボットによって自動交換している様子を図5-7-4にそれぞれ示します。

●型彫り放電加工の特徴

　型彫り放電加工は、電極と工作物間の液中にパルス（断続）放電を発生させ、液体を蒸発させます。すると、この際に衝撃圧が発生して溶けている材料を吹き飛ばします。

　型彫り放電加工のメリットは、金型用材料として使用される焼入れ鋼材や超硬合金などのような、切削加工では効率良く加工できない硬い材料でも容易に加工できることです。また切削加工が苦手とする深い凹形状も加工できます。さらに切削加工と異なり、電極と工作物間には隙間があって接触していないため、力がほとんどかからないので微細加工ができます。

　一方、低加工速度や電極消耗（加工中に電極が減るので精度がでない）が問題でしたが、電源の開発やNC制御の高度化、グラファイト電極の使用などによって問題解決が図られています。

　大きな問題の一つは、電極の切削による製作工程が多くなることです。しかし、これを省略することは原理上できません。

図 5-7-1　放電加工のしくみ

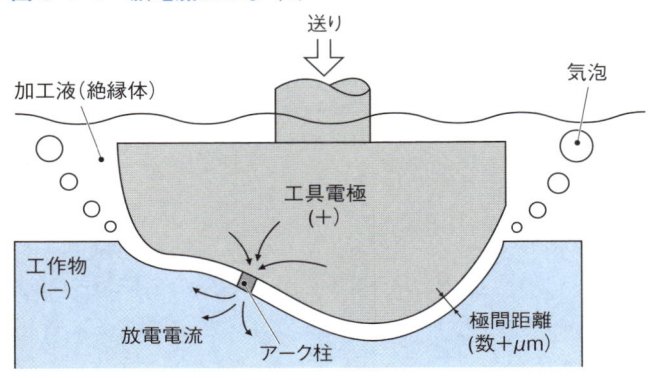

図 5-7-2　型彫り放電加工機による加工風景

図 5-7-3　グラファイト電極と加工された機械部品

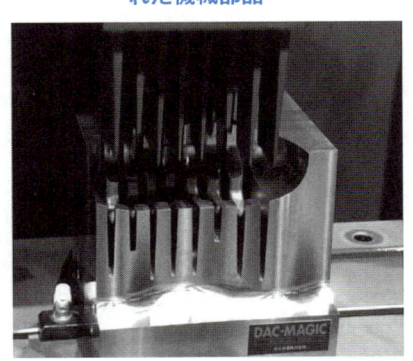

図 5-7-4　ロボットによる電極の自動交換

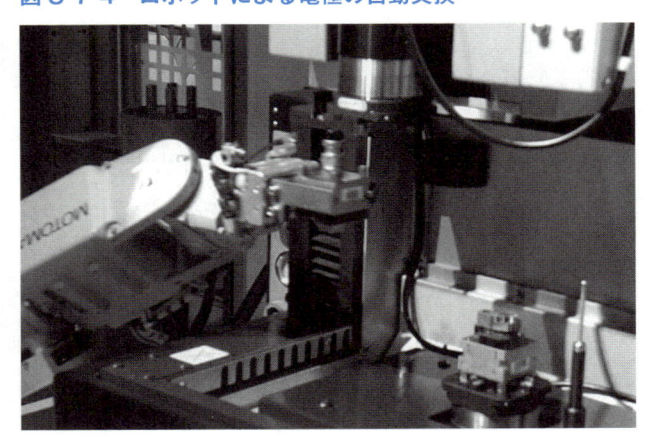

5・金型製作

5-8 ワイヤカット放電加工

●ワイヤカット放電加工の特徴

　型彫り放電加工では電極を製作して、その形状を工作物に転写することで金型の形状加工を行います。これと原理は一緒ですが、電極に金属繊維（ワイヤ）を用いたワイヤカット放電加工（Wire cut-EDM）も金型加工に使用されます。

　図5-8-1にワイヤカット放電加工機の外観とそれによる加工物を示します。ワイヤカット放電加工は、金属線と工作物（金型）との間で放電させて切断する方法で、糸鋸で板を切断する方法に似ています（図5-8-2）。しかし、この加工法はワイヤと工作物は接触していません。ワイヤは消耗しますから加工中は一定速度で送られます。工作物をセットしたX-YテーブルをNC制御することによって、CADで定義された輪郭通りに切断することができます。使用されるワイヤは銅合金(真鍮)が一般的で直径0.1〜0.3㎜ぐらいです。高精度なものでは直径20μmのタングステン線を使用します。

　プレス加工で使用される抜き型という薄板を切り出して製品にする金型がありますが、その加工にはワイヤカット放電加工が使用されます。

　また、超硬合金製の金型加工に良く使用され、IC用リードフレーム型や精密鍛造型にも用いられます。

　最近では、テーブルの駆動系にリニアモータが使用され、加工速度や精度も向上しています。さらにワイヤの角度を傾けたりして、図5-8-3に示すようなテーパ加工もできるようになってきました。また、この方法ではワイヤが切れることが問題になります。途中でワイヤが切れた場合は無人運転ができませんが、これも自動で結線することが可能になり、無人の昼夜運転によって生産効率を上げています。以上のようにワイヤカット放電加工は、プレス用金型の加工法にとって、なくてはならない一つになっています。

> **解説　テーパ加工**：三角錐や円錐など、先が細く根元が太い形状をつくる加工

図 5-8-1　ワイヤカット放電加工機とその加工物

図 5-8-2　ワイヤカット放電加工のしくみ

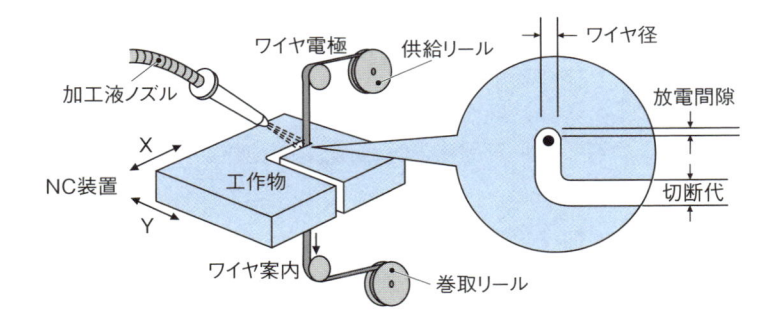

図 5-8-3　ワイヤ傾斜機能がついたワイヤカット放電加工機で製作したモデル

5・金型製作

127

5-9 砥石による加工

●研削加工とは

　研削加工では砥石を用いて加工します。ここで使用する砥石は、包丁や鎌を砥ぐ際に使用する硬い石のようなものと基本的には一緒ですが、形状は円筒形で、これを回転して用います。図5-9-1に市販の砥石車（Grinding Wheel）とその不具合例を示します。また、切削加工とは、切屑をだすという現象をみれば一緒の加工であるといえます。

　工作物が円筒形状の場合は円筒研削盤を、平面を得るためには平面研削盤が使用されます（図5-9-2）。金型の自由曲面形状を切削で加工する際に用いるボールエンドミル工具などを製作する場合は、多軸の工具研削盤が使用されます。

　金型加工に関しては、プレス型、プラスチック型、半導体関連型などの円筒形や異形のパンチ類、ダイセットなどの板形状加工で使用される場合が多いようです。

　一般的に研削加工は、切削加工では困難な高硬度な焼入れ鋼、超硬合金などの加工に使用されます。この際、周速度（砥石外周の速度：切削速度と同様）は、切削加工の10～100倍程度にします。一方、切り込みは、切削加工の1/10～1/100になります。したがって、研削加工と切削加工との違いは、切り込みが小さく、周速が速い加工であるということです。

●研削加工に用いられる砥石

　研削加工では砥石が重要です。砥石は硬い粒子（砥粒）とこれらを接着させる結合剤から構成されます。これに気孔（隙間）を含めて砥石の3要素といわれます。使用される砥粒はアルミナ（Al_2O_3）、炭化ケイ素（SiC）が多く、さらに工作物が硬くなるとcBNやダイヤモンドが使用されます。また結合剤も、レジン、ビトリファイド（ケイ石、長石、粘土を焼いたもの）、メタルに大別され、用途によって使い分けます。

砥石の特性は、砥粒の種類、砥粒率、粒度、結合剤、結合度の５因子によって左右されます。

　砥石の不具合に対しては、砥石の振れ取りや、形を直してあげるツルーイング、切れ刃の鋭利さを保ったり切屑が逃れる場所をつくってあげるドレシングが重要になります。

　切削加工や放電加工のような自由曲面形状には向いていませんが、重要な加工法の一つです。

図 5-9-1　砥石車の外観と不具合

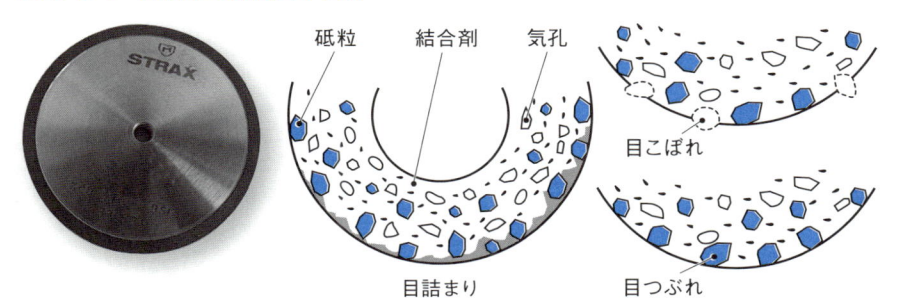

目詰まり：切屑などが付着して砥粒が埋まってしまって削れなくなる
目こぼれ：砥粒と結合剤の接着が弱く、すぐ砥粒が脱落して削れない
目つぶれ：砥粒と結合剤の接着が強く、砥粒だけが減って削れなくなる

図 5-9-2　円筒研削と平面研削

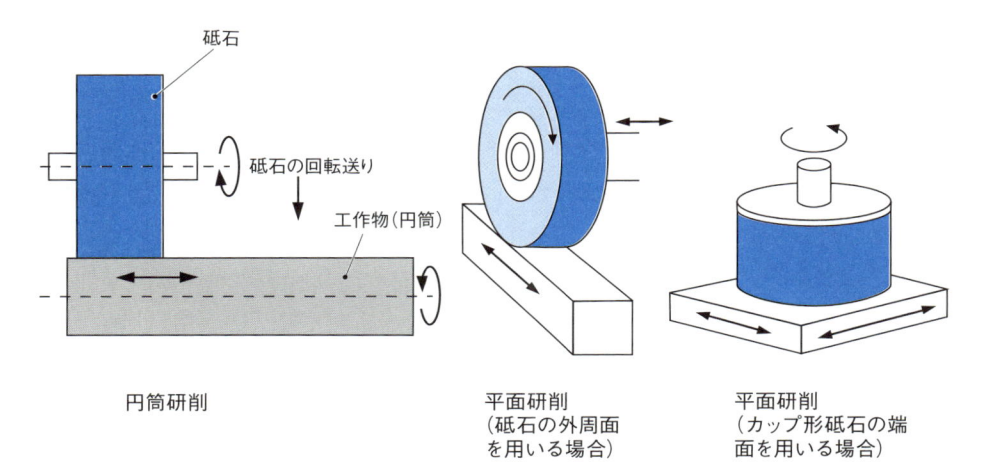

円筒研削

平面研削
（砥石の外周面を用いる場合）

平面研削
（カップ形砥石の端面を用いる場合）

5-10 レーザによる金型加工

●レーザ加工とは

レーザ（ＬＡＳＥＲ）とは、誘導放射による光増幅（Light Amplification by Stimulated Emission of Radiation）の頭文字から命名された言葉です。普段見ている光は、位相や振幅が不規則で、いろいろな振動数が入り混じっている波です。レーザ光は、波長が一定で位相がそろい、指向性に優れ単色性が高い性質があります。

図 5-10-1 にレーザ発信器のしくみを示します。炭酸ガスやアルゴンガスが封入された放電管で放電させると光が発生します。この光が反射鏡を往復する間に、ガスに入射され増進されて強い光となります。最終的には、この光が半透明の反射鏡から放出されて加工などに使われます。

工作物にレーザが当たると、温度上昇、加熱、蒸発、融解などが起きて鋼板などの金属、プラスチック、木材、セラミックなどの切断や穴あけ加工をすることができます。最も硬いダイヤモンドも加工することが可能です。

図 5-10-2 に炭酸ガスレーザ加工機の外観と構成を示します。発信器から放出された光は集束レンズで集光されて、工作物上面に焦点を合わせるようにして加工します。これも NC 工作機械の一つです。マシニングセンタの工具がレーザ光になったと思ってください。

図 5-10-3 の左の写真は、3 次元のレーザ加工機で加工した金型モデルです。浅い加工ですが、これで十分機能を果たすようです。同図右は、5 軸制御のレーザ加工機で加工した革シボ模様の金型モデルです。全体の形状加工は切削加工で行っています。

そのほか、彫刻・刻印、マーキング、微細加工などの 3 次元曲面への加工を可能にしています。

レーザの主な種類には、固体レーザ、気体レーザ、液体レーザ、半導体レーザなどがあり、金型加工への適用に期待がもてます。

図 5-10-1　レーザ発信器のしくみ

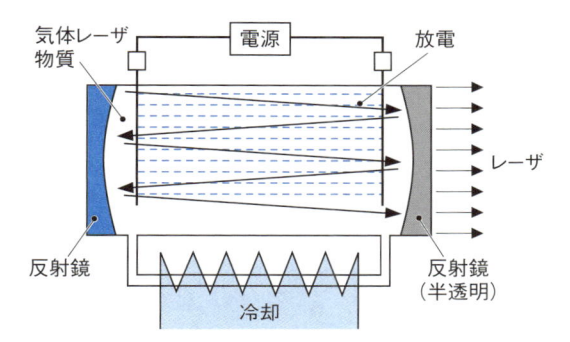

図 5-10-2　CO₂ レーザ加工機の外観と構成

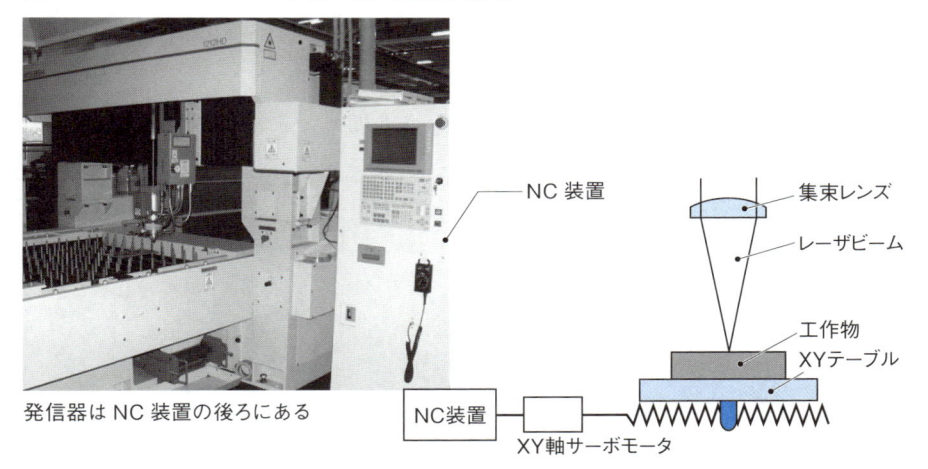

発信器は NC 装置の後ろにある

図 5-10-3　レーザ加工機で製作した金型モデル（左）と革シボ模様を施した金型サンプル（右）

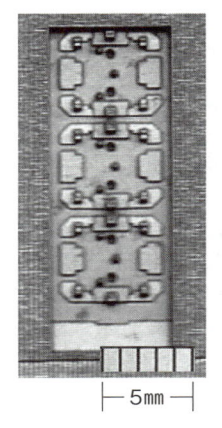

（写真提供：GF アジエシャルミー）

❗ これからの金型加工：多軸マシニングセンタによる金型加工

　同時5軸マシニングセンタでは、任意の点に、任意の角度で工具を当てることができるという特徴から、ボールエンドミルによる複雑形状の輪郭加工などにおいてその威力を発揮しています。

　エンペラやタービンブレードあるいは航空機部品などの形状加工では同時5軸制御のマシニングセンタが使用されます。

　これまで金型加工では、3軸制御のマシニングセンタによる加工が一般的でしたが、最近では段取りの簡易化やボールエンドミルの周速を高くするために5軸マシニングセンタが使用されるようになってきました。

　写真は7軸制御のマシニングセンタです。このマシニングセンタで金型を加工するには、鋼板素材（6面体）の2か所をチャッキングした後、型彫り加工し、次いでそれ以外の冷却穴加工などを行い、別な箇所をチャッキングしなおして、先に削り残した箇所を加工して6面加工します。7軸制御の基本ポストプロセッサの開発によって、このような金型加工が可能になりました。

　CAMの問題や価格、使い勝手などが良くなれば、CADデータとワークの段取りだけで金型が無人で製作できる日も近いのではないでしょうか。

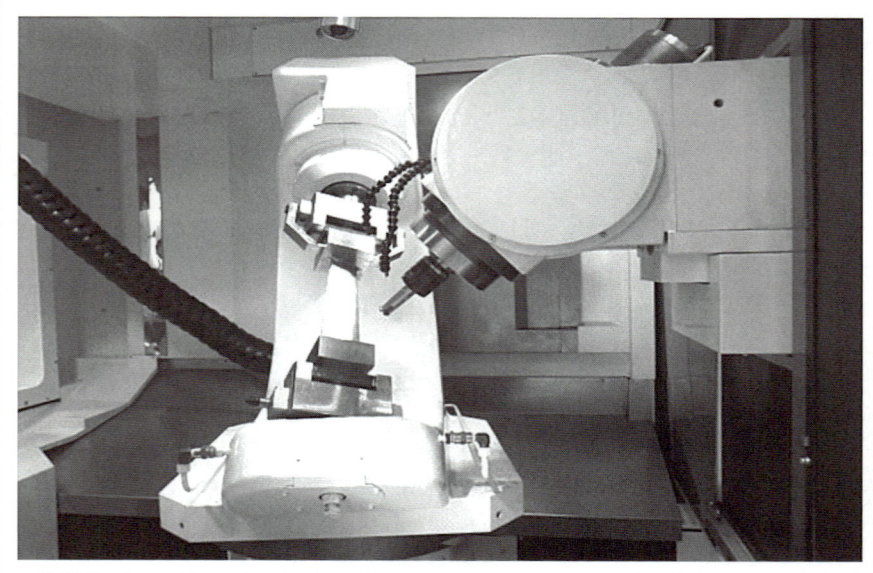

7軸制御マシニングセンタによる加工風景　　　　　　　　（写真提供：キタムラ機械㈱）

第6章

金型材料

金型の種類や加工方法と同様、
材料についてもたくさんの種類があります。
この章では、それぞれの特性や起きやすい欠陥、
その防止策などについて説明します。

6-1 鉄と鋼 ①

●鉄および鋼の特性

　鉄と鋼の違いは、炭素量や合金元素の種類の違いといえますが、添加する元素量によって材料に発現する特性は異なります。鉄が有史以来使用されてきている理由としては、鉄は溶融状態から冷却していくと金属の結晶構造や組織が変化すること、および炭素量の違いにより純鉄−鋼−鋳鉄と異なる性質に変化する多様性にあります。

　鉄は、鉄−炭素の2種類だけの合金で、炭素濃度が非常に少ない状態の材料をいい、一般的に焼きが入らない性質をもちます。また、鉄中の炭素濃度の増加により、鉄は鋼（約2.0％以下）に変化し、炭素を2.0％以上含むと鋳鉄に変化します。鋼の表示は、炭素量の違いから異なる名称になり、極軟鋼（C濃度：0.15％以下）、軟鋼（C濃度：0.2〜0.3％）、半硬鋼（C濃度：0.3〜0.5％）、硬鋼（C濃度：0.5〜0.8％）、最硬鋼（C濃度：0.8〜1.2％）と呼ばれます。

　また、一般的に炭素量が0.8％C以下の低い炭素量の鋼を「亜共析鋼」、C＝0.8％を「共析鋼」、0.8％C以上の高い炭素量の鋼を「過共析鋼」と呼び、これらは鉄−炭素の合金のために「炭素鋼または普通鋼」といわれています。

●鉄−炭素系状態図

　図6-1-1は鉄−炭素系の性質を示す状態図の一部を示します。状態図とは、2種類または数種類の純金属同士を溶解した時、温度によりどの様な組織や材料の機械的および物理的性質が現れるかを示します。

●金型とオーステナイト組織

　一般に金型では、熱処理後に存在するオーステナイト組織の言葉が使われます。この組識は、ステンレス鋼でつくられた食器やスプーンの裏面の刻印を見ると、「18−8ステンレス」と表示されています。これは鉄金属に添加元素として、18％のクロムと8％のニッケル元素が含まれていることを意味

します。金型の熱処理時に、この組織が存在して加工力などが材料に与えられると加工誘起マルテンサイト変態（ステンレススプーンが何回も曲げると折れる現象と同じ）という変化が起こります。この変化は金型の変形や変寸、割れなどの原因を誘発するので、材料中に少なくする熱処理を行っています。

また、金型の熱処理時によくいわれる残留オーステナイトという言葉は、焼入れ段階で高温状態（一般に 1000～1030℃ 程度）から急激に冷却して焼きを入れる時に、高温に存在するオーステナイト組織が室温においても存在することです。本来室温では存在しない組織が残留することから、この名称が付けられています。

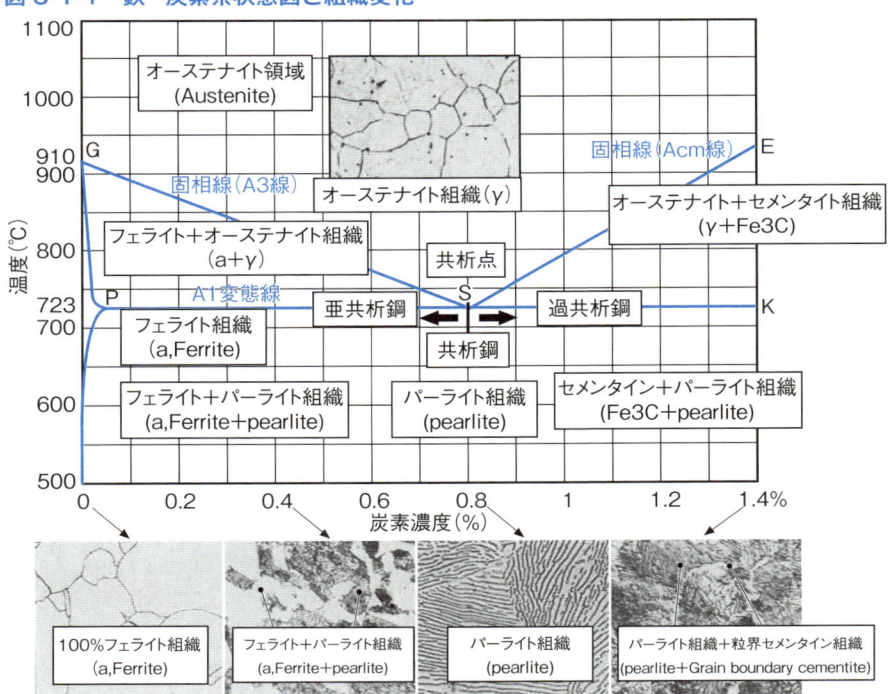

図 6-1-1　鉄 - 炭素系状態図と組織変化

材料の組織は横軸の炭素濃度により認められる組織が異なる。Fe-0.0%C の金属は、均一なフェライト組織が出現し、1 種類の組織を示す。Fe-0.4%C の組織は、フェライトの生地にパーライト（フェライト＋セメンタイト組織の積層した状態）の 2 種類の組織が現れる。Fe-0.8%C の組織は、共析点という温度で瞬時に異なる組織（パーライト）に変化する。Fe-1.4%C の組織は、生地のパーライト組織から結晶粒界（結晶と結晶の境界）に沿って、白色の炭化物（セメンタイト）が認められる組織に変化する

6-2 鉄と鋼②

●鉄と不純物

　鉄は炭素のほかに、基礎元素といわれる（不純物を含む）ケイ素（Si）、硫黄（S）、リン（P）、マンガン（Mn）が微量含まれます。硫黄は鋼中に存在（0.08～0.3％程度含有）させると機械加工性を向上させる効果があるので快削鋼（JISG4804）として使用されています。なお、快削鋼の役割を果たす金属としては、硫黄以外に、鉛（Pb）、錫（Sn）がありますが、Pbは環境に良くない元素で、最近ではあまり使用されていません。また、プラスチック用金型材料は高い鏡面性が求められるため、これらの不純物が多い材料を使用すると、表面にピット（穴）やオレンジピール（火玉のような流れ模様）の欠陥を発生させる原因になります。

●特殊鋼と工具鋼

　炭素鋼の中にほかの金属元素（Cr、Mo、Mn、Vなど）を添加すると、特別な用途に使用できる金属材料ができ、これらを「特殊鋼、合金工具鋼など」といいます。

　金型は、非常に広い産業領域の製品・部品の製造を行いますが、多量・少量につくる物や試作用に「工具の役目を担う金型」として使用されてきています。

　図6-2-1は金型材料として使用されている工具鋼の分類を示します。金型材料には機械構造用鋼、合金工具鋼、ステンレス鋼（JISでは工具鋼の分野に規定されていない）、析出硬化鋼（溶接補修用鋼材としての利用することが多い）や非鉄系材料（Al合金、Zn合金、Cu－Be（Sn）系合金）が使用されています。

　また、JISで規定されている特殊鋼・工具鋼の分類を表6-2-1、表6-2-2に示します。工具鋼には炭素工具鋼、合金工具鋼、高速度工具鋼が規定されています。超硬合金は粉末製造技術の発展により超微粉末合金やNiやCr元

素の添加された超硬・セラミックス合金が開発され、耐摩耗性、耐衝撃性、耐食性、非磁性特性の向上した材料が、ロール、切削工具、電子部品、機械装置などに使用されています。近年の金型材料は、生産数量の要求が大・小ロットと変化が激しく、使用目的、製造方法により工具鋼ばかりではなく、炭素鋼や機械構造用鋼および鋳鉄材料の金型への適用技術も検討されています。

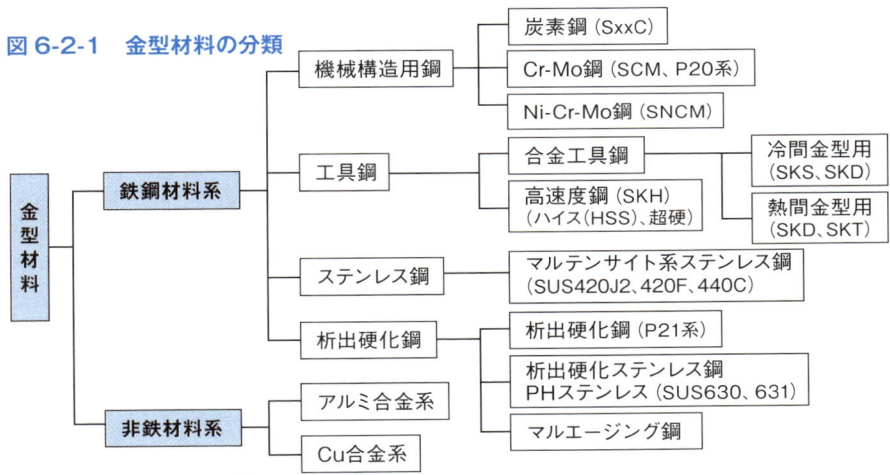

図 6-2-1 金型材料の分類

```
金型材料 ─┬─ 鉄鋼材料系 ─┬─ 機械構造用鋼 ─┬─ 炭素鋼（SxxC）
         │              │              ├─ Cr-Mo鋼（SCM、P20系）
         │              │              └─ Ni-Cr-Mo鋼（SNCM）
         │              ├─ 工具鋼 ─┬─ 合金工具鋼 ─┬─ 冷間金型用（SKS、SKD）
         │              │         │             └─ 熱間金型用（SKD、SKT）
         │              │         └─ 高速度鋼（SKH）（ハイス（HSS）、超硬）
         │              ├─ ステンレス鋼 ─ マルテンサイト系ステンレス鋼（SUS420J2、420F、440C）
         │              └─ 析出硬化鋼 ─┬─ 析出硬化鋼（P21系）
         │                            ├─ 析出硬化ステンレス鋼 PHステンレス（SUS630、631）
         │                            └─ マルエージング鋼
         └─ 非鉄材料系 ─┬─ アルミ合金系
                       └─ Cu合金系
```

表 6-2-1 特殊鋼の分類

特殊鋼の分類	JIS 対応　工具記号
構造用鋼	SS
機械構造用鋼	SxxC, SCr, SCM, SNC, SNCM, SACM
工具鋼	SK, SKS, SKD, SKT, SKH
特殊用途鋼	SUS, SUH, SUJ, SUP

表 6-2-2 工具鋼の分類

工具鋼の分類	使　用　用　途	対応 JIS 記号
炭素工具鋼	各種金型用工具、ゲージ	SK105（SK3）
合金工具鋼	切削工具用	SKS1(11)～SKS8(81)
	耐衝撃工具用	SKS4～SKS44
	冷間金型用	SKS3(31)～SKD11,12
	熱間金型用	SKD4～SKD61、SKT4
	（プラスチック成形金型用は JIS の規定なし）	SUS420J2、AISIP20、P21
高速度工具鋼	（溶製材、タングステン系、モリブデン系）	SKH2-10：タングステン系、SKH50-59：モリブデン系
超硬合金	（粉末材、モリブデン系）	SKH40
	粉末材（WC+Co(Ni)系、WC+TiC+Co+、Ta(Nb)C系、W-Ni-Cr系、プレス、絞り、ミント金型、順送金型、刃具）	P,M,N,G系、セラミックス、サイアロン、超微細粒、耐食非磁性

6-3 金型材料の製造

●金型製造に求められる技術

　図6-3-1は工具鋼の製造方法の代表例を示します。今日の工具鋼の製鋼方法は、基本的に鉄鉱石から高炉による鋼宰の精錬を経て製造する方法とスクラップから製造する方法がとられています。金型の材料品質は、リン（P）、硫黄（S）および酸素（O）、水素（H）、窒素（N）などのガス成分の存在量を低くする純化方法が重要な技術課題ですが、今日では製鋼技術の進歩により高品質な工具鋼が開発されています。

　主元素である鉄の供給は比較的安定な供給が得られていますが、工具鋼材料の製造には、各種の特殊金属や希少金属を添加して機能性を高めているため、今日では元素価格の変動が大きく、不安定な状況の一因にもなっています。また、環境汚染の改善やエネルギー削減などの社会情勢の変化により、Reduce（消費量の削減）、Reuse（再使用）、Recycle（資源の再活用、再利用）の認識が高まり、金型の再使用や補修による再利用技術も進んでいます。

　これらの状況から自動車産業では、構造材料・部品の使用材種を管理し、再利用のためのスクラップの回収率を向上させて資源の有効活用を図っています。

●製造工程と求められる特性

　工具鋼・特殊鋼の製造には、一般的に通常溶解法と特殊溶解法という手法が用いられています。金型の製鋼方法は素材の溶解から、精錬、脱ガス、再溶解（日本では一般に、ダブルメルト、トリプルメルトという）、鍛造、ロール、熱処理、欠陥検査などを行い市場に提供されています。

　工具鋼に対して、使用企業から求められる各種の特性は個々の使用目的により異なりますが、大きく分類すると、①耐摩耗性、②耐クラック性、③鏡面性、④シボ加工性、⑤耐熱性、⑥耐欠け性、⑦熱疲労・疲労特性、⑧機械加工性、⑨耐食性、⑩溶接性などになります。

各工具鋼種の使用量は、従来からの鋼種（通常溶製材）が約65％、特殊溶解材（ESR、VAR、P-ESR鋼種）が30％、残りは粉末工具鋼材（Powder Metrology）になっています。

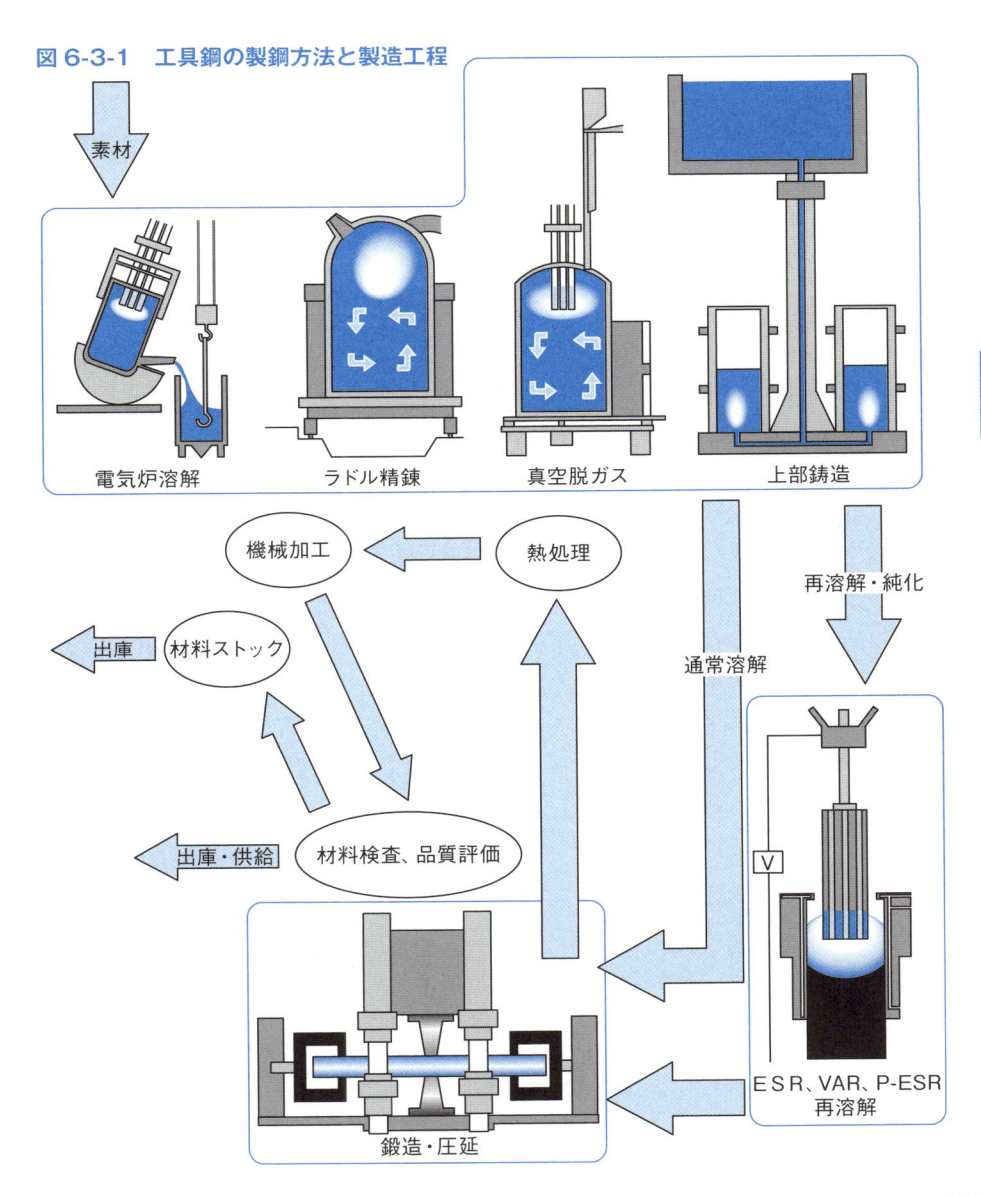

図 6-3-1　工具鋼の製鋼方法と製造工程

素材

電気炉溶解　　ラドル精錬　　真空脱ガス　　上部鋳造

機械加工　←　熱処理

出庫　←　材料ストック

再溶解・純化

通常溶解

出庫・供給　←　材料検査、品質評価

鍛造・圧延

ESR、VAR、P-ESR 再溶解

6・金型材料

6-4 金型材料の選び方

●工具鋼の選択と適用

　一般に金型材料（工具鋼）は、「製造過程で製品一個当たりのコストを最小にできる材料」という考え方にもとづいて選択することが必要になります。金型製造工程において、金型に占める材料費の割合は10〜15％程度で、機械加工費（60〜80％程度）に比べ低いことから、材料の単価だけの判断では機能性や材料特性を有効に発揮することが難しくなります。また、金型材料の選択を誤ると操業中の金型修正やメンテナンス頻度、装置のチョコ停（短時間の機械障害による停止）など管理経費が高くなり生産効率は低下します。このことは、生産計画の変更、製品供給の遅延や操業ラインの乱れなど、多くの不安定要因を誘発させることになります。

　図6-4-1に金型を使用した各種の成形加工において、工具鋼を選択する場合に考慮しなければならない諸要因を工程ごとに示します。各種の加工に対する基盤技術は金型材料が担っていますが、効果的な製造方法を選択し安定した生産活動を行う場合は、工具鋼の特性や金属的な性質を十分理解した上で選択する必要があります。金型にトラブルが発生すると、使用企業やメーカから金型材料が悪いというクレームが出る話を多く聞きますが、金型のトラブルの発生原因を詳細に検討すると、金型材料が原因で発生したか否かは疑問になる場合が多くあります。高品質な金型材料を製造メーカが供給した場合でも、図中に示したように各工程間において材料のトラブルや品質低下を誘発させる要因は非常に多く内在しています。

　金型材料はプレス型、鍛造型、鋳造型、ダイカスト型、プラスチック型、ガラス型、ゴム型、粉末冶金型など非常に多くの製品の製造に広い領域で使用されています。また、金型材料は鉄鋼ばかりでなく非鉄金属材料の銅－ベリリウム合金（Cu－Be）、アルミ（Al）、亜鉛（Zn）合金なども使用されています。

図 6-4-1　工具鋼選択の諸要因

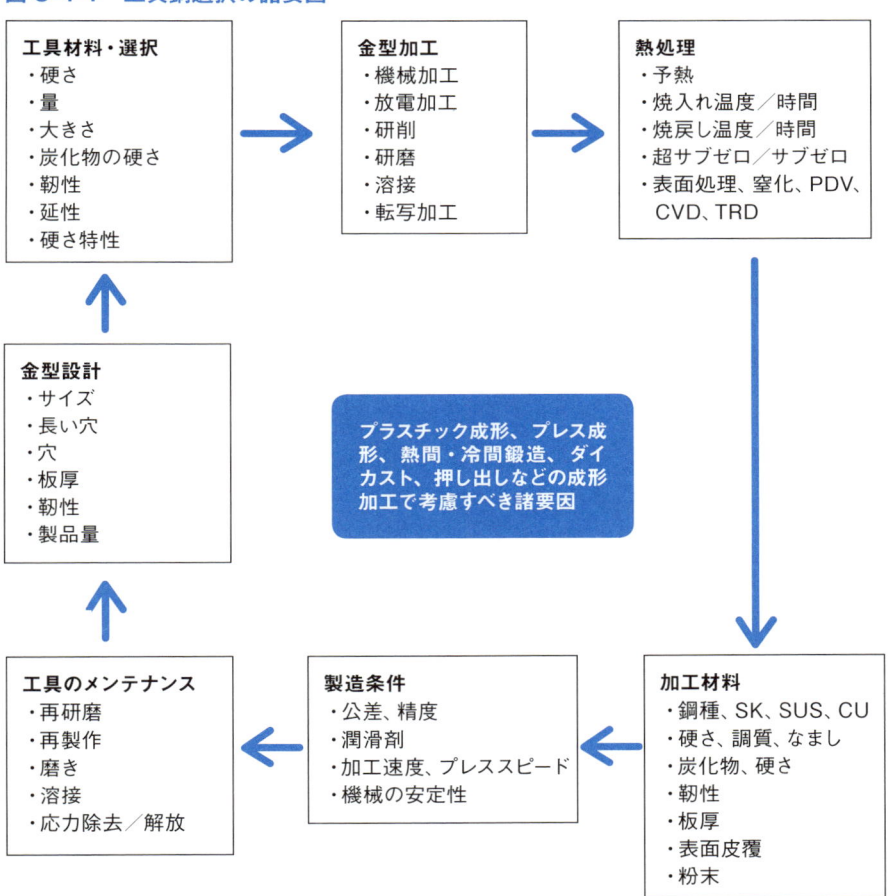

工具材料・選択
- 硬さ
- 量
- 大きさ
- 炭化物の硬さ
- 靭性
- 延性
- 硬さ特性

→

金型加工
- 機械加工
- 放電加工
- 研削
- 研磨
- 溶接
- 転写加工

→

熱処理
- 予熱
- 焼入れ温度／時間
- 焼戻し温度／時間
- 超サブゼロ／サブゼロ
- 表面処理、窒化、PDV、CVD、TRD

金型設計
- サイズ
- 長い穴
- 穴
- 板厚
- 靭性
- 製品量

プラスチック成形、プレス成形、熱間・冷間鍛造、ダイカスト、押し出しなどの成形加工で考慮すべき諸要因

工具のメンテナンス
- 再研磨
- 再製作
- 磨き
- 溶接
- 応力除去／解放

←

製造条件
- 公差、精度
- 潤滑剤
- 加工速度、プレススピード
- 機械の安定性

←

加工材料
- 鋼種、SK、SUS、CU
- 硬さ、調質、なまし
- 炭化物、硬さ
- 靭性
- 板厚
- 表面皮覆
- 粉末

6-5 プラスチック成形用工具鋼

●プラスチック用金型に用いられる工具鋼

　プラスチック成形には操業過程において、樹脂からの腐食性ガス発生、ガラス・炭素繊維混入樹脂および微細・微小製品の製造にともなう金型の腐食、強度、超鏡面性など多くの特性が求められます。プラスチック用金型に使用される工具鋼材料は、大きく3種類の鋼種に分類することができます。

1) プレハードン鋼

　プレハードン鋼は、あらかじめ硬さ30～40HRC程度の状態（調質鋼という）で企業に提供され、そのままで直接機械加工および仕上げ加工を行い、金型に成形されます。焼入れ-焼戻し処理工程を省略でき、金型製作時間の短縮、熱処理にともなう変形や変寸の問題を改善できるメリットがあります。調質工具鋼は主として、大型の金型や小・中の生産ロット（約50万ショット以下）用に使用され、時には窒化処理や火炎焼入れにより表面を硬化・改質して使用されることも多いです。また、プレハードン鋼はリードタイムの短縮が主目的のため、機械加工性が優先されています。

2) ステンレス鋼

　金型に耐食性が要求される場合は、一般的に焼入れにより高い硬さが得られるマルテンサイト系ステンレス鋼が使用されています。これらの鋼種は耐食性が高いために成形面（キャビティ面）の安定性やサビの発生が防止できます。また、冷却効率向上のために金型の裏面には多くの冷却穴が加工されますが、この冷却回路のサビ発生を抑制し、樹脂成形の操業サイクルの安定化にも有利です。なお、ステンレス鋼にはマルテンサイト系、オーステナイト系およびフェライト系の3鋼種があり、プラスチック用金型材料としてはマルテンサイト系ステンレス鋼が主として使用されています。

3) 非ステンレス系焼入れ-焼戻し鋼

　耐食性よりも耐摩耗性や圧縮強度が重視される金型には、非ステンレス系の焼入れ-焼戻し処理できる鋼種を、硬さ60HRC前後で使用しています。

ガラス繊維を多量（30〜60％程度）に混入した樹脂成形では、金型の耐摩耗性が必要で、JIS 規格 SKD11、SKD12 系の冷間工具鋼種が適用されています。また、この鋼種はゲート部分や入子部品として使用されることも多く、靭性が重視される金型および部品（コアピンなど）には、靭性の高い SKD61 系（熱間工具鋼種）の鋼種も使用されています。

　図 6-5-1 はステンレス鋼のポジショニングを示します。鋼種は金型の使用目的にそった選択が必要です。特に、JIS 規格 SUS420 系（マルテンサイト系ステンレス鋼）鋼種は、広く各種の成形用金型に使用されています。また、ガラス、シリカ、繊維混入などの樹脂成形には、金型のキャビティ面の耐摩耗性が求められるため、SUS440C 系鋼種やセミハイス系粉末ステンレス鋼、冷間工具鋼種が用いられています。ホルダー用のステンレス鋼としては、快削性を重視した SUS420F 系および P20 系の鋼種が使用されています。このほか、PVC 樹脂成形用金型の場合、高い耐食性が要求されるために SUS630、SUS631 系の析出硬化型ステンレス鋼が使用されます。

図 6-5-1　ステンレス鋼のポジショニング

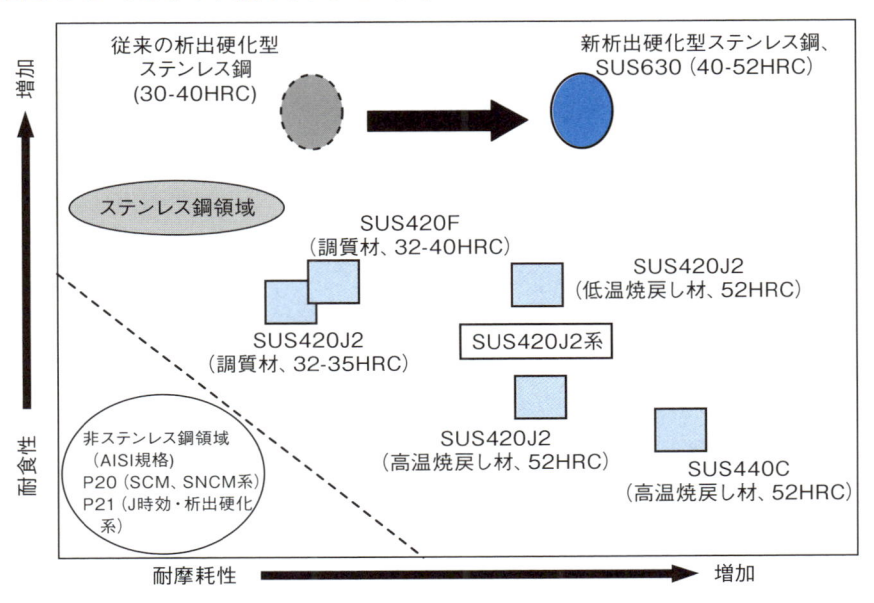

6-6 プラスチック成形用ステンレス鋼

●耐食性、耐摩耗性

　樹脂成形過程で発生する腐食性ガス、成形時の湿気や雰囲気および金型の管理状況においては成形面に腐食が発生します。この結果、キャビティの表面性状、製品の品位低下や成形品への異物・不純物混入などのトラブルが生じるので、耐食性の高いステンレス系材料の選択や腐食環境に影響されづらい材料特性が求められます。

　各ステンレス鋼種の耐食性は、マルテンサイト系ステンレス鋼種の耐食性で比較すると、熱処理時の低温焼戻し処理材（250℃程度）が高温焼戻し処理材（500℃程度）よりも向上します。高温焼戻し処理による耐食性の低下は、クロム（Cr）と炭素（C）が結合した二次炭化物（CrC）の形成が高温状態で促進され、組織内にはCrの欠乏が起こるため、素材の耐食性が低下します。また、低温焼戻しでは残留オーステナイトの分解が不十分となり経年変化（長い時間で材料が変形する現象）が発生しやすくなります。そのような場合は、焼入れ後にサブゼロ処理（ドライアイス、液体窒素で材料を低温に冷却する方法）を行うと改善できます。さらに、経年変化に対する要求が厳しい金型の場合には、超サブゼロ処理（液体窒素で−196℃まで冷却する方法）が有効です。

　表6-6-1は、プラスチック成形用の各ステンレス系工具鋼（SUS630、SUS420F、SUS420J2、SUS440C）の耐食性と耐摩耗性の比較を示します。時効硬化系（焼きを入れないで硬くする）のSUS630系ステンレス鋼は、ほかの鋼種に比べ炭素濃度が低く耐食性は著しく向上します。また、耐摩耗性はSUS440C系材料の18％のCr含有量により硬さが高くなり、ガラス混入プラスチックの成形には有効な工具鋼です。

●強度、靭性

　金型は、成形中に生じる熱応力、射出時の負荷応力により変形・変寸など成

形不良が発生しない材料強度が求められます。また、熱処理後に存在する残留オーステナイトの存在は、操業過程の熱応力や機械的な応力の負荷により、オーステナイト組織からマルテンサイト組織への変態（応力誘起マルテンサイト変態）にともない、体積膨張により変形や破壊を誘発させるので注意が必要です。

　プラスチック用金型の形状は非常に微細・微小および複雑な形状が多く、各種の環境中で発生する割れに対して進展速度の遅延や破壊にならない靭性の高い材料が求められます。一般的に硬さ（耐摩耗性向上）が高くなると靭性は低下することが多いので、硬さと靭性の良好なバランスが得られる機械的特性をもった材料選択や適切な熱処理が必要になります。

表6-6-1　プラスチック成形用ステンレス系工具鋼の比較

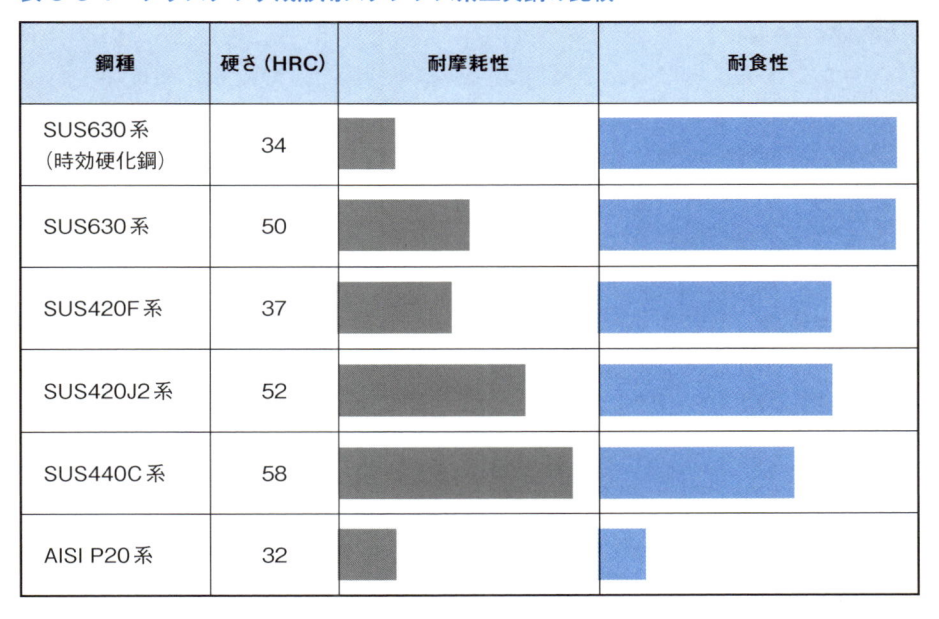

鋼種	硬さ（HRC）	耐摩耗性	耐食性
SUS630系（時効硬化鋼）	34		
SUS630系	50		
SUS420F系	37		
SUS420J2系	52		
SUS440C系	58		
AISI P20系	32		

●熱伝導性

　射出成形用樹脂は金属などと比べて熱伝導率が低くなります。そのため、非常に深いスリットや薄くて長い製品の成形には、射出後の深い部分がなかなか冷却されず、凝固時間がかかり、操業サイクルが低下したり、安定した生産が難しくなったりします。樹脂成形時に熱伝導率の高い金型材料を使用すると、樹脂の熱を逃がす効果が大きく、成形サイクルの短縮化や操業効率の改善が可能となります。最近では、非鉄金属（Cu、Al、Zn合金）の物理的特性や材料特性を利用して、簡易金型や伝導率を利用したインサート材に適用し、冷却効率を高めることで、操業サイクルの改善が計られています。

　図6-6-1はCu−Be合金の熱伝導率と硬さの関係を示します。

●機械加工性

　ステンレス系材料は高合金鋼で延性が高い特性をもつため、機械加工が比較的難しくなります。また、工具鋼は切削加工や研削加工においては、切削工具や砥石の摩耗が少なく、機械加工に比べ短時間で所定の形状が得られる良好な加工性をもった材料が求められます。今日、機械加工機の機能性向上や高性能・高寿命性を追求した刃具が用いられているので、加工性は柔らかい材料よりも少し硬さの高い調質タイプの工具鋼（一般に32〜40HRCの硬さ）が効率のよい加工を得られています。

●鏡面磨き性、シボ加工性

　ピンホールなど磨き面の不安定要因の発生は、素材中に存在する非金属介在物量や不純物濃度を製鋼過程で低下させることで少なくなります。しかし、放電加工時の変質層除去の不完全性、熱処理時の炭化物析出、磨き時の作業不良、磨き面の管理不良、磨き作業現場の汚染などを考慮しないと安定した材料特性が得られません。

　図6-6-2は、放電加工時の変質層の存在と磨き特性の関係を示しています。金型の表面は放電加工変質層を明確に除去しないと、その後の磨き工程でピット状の欠陥が認められる場合があります。

　また、シボ加工（ホトエッチングともいう）には、化学研磨によるエッチ

ング法、微細粒子を金型表面に投射するピーニング法および放電加工法などがあります。シボ加工は、炭化物や圧延時の偏析などが認められない均質なミクロ組織をもつ工具鋼の使用が必要で、シボ加工面全体に均一なシボ模様が得られる材料特性を求められます。

図 6-6-1　Cu−Be 合金の熱伝導率と硬さ

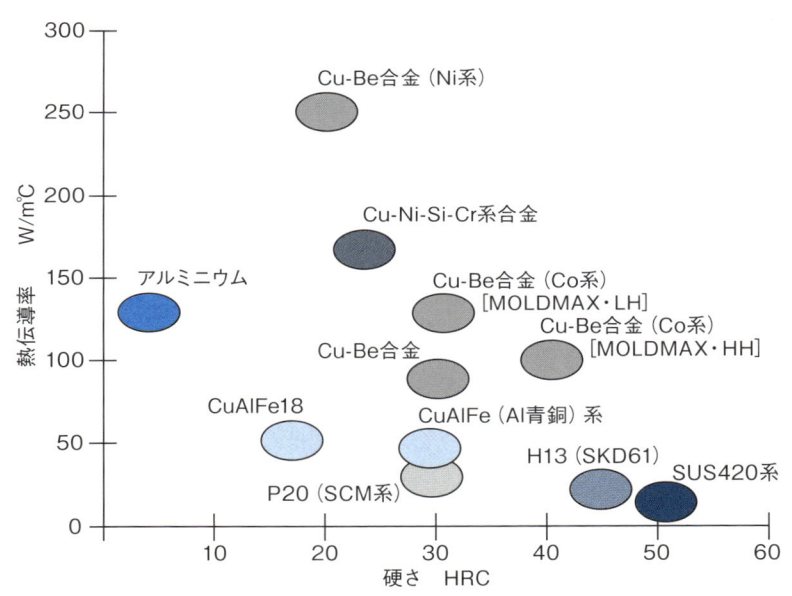

図 6-6-2　放電加工変質層が磨き工程に与える影響

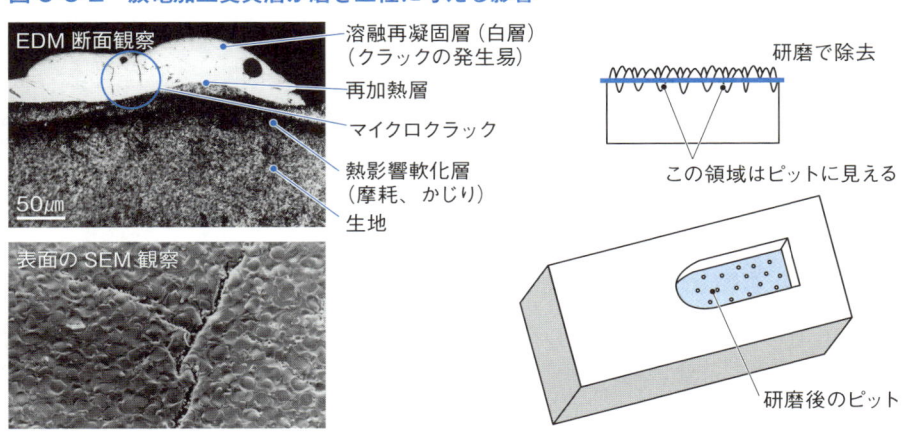

●寸法安定性

　プラスチック成形の場合は機械加工後に熱処理を行いますが、焼入れ冷却速度のコントロールと焼戻し後の残留オーステナイト量を極力低下させることや、熱処理後の組織の安定化処理を十分に行うことが必要になります。この操作により、熱ひずみと変態ひずみの発生が少なくなるので変形や寸法変化も安定し、仕上げ加工の負担が低減できます。

　プラスチック成形用工具鋼はESR（エレルトロスラグリメルテングの略で、金型材料を純化するために行う再溶解技術）などの高品質な鋼種を使用する場合が多いですが、機能性の高い部品の製造には、材料特性に各方向で変化の無い、等方性のある材料が求められます。

●放電加工性

　工具鋼の放電加工時における電気特性は大きくは変わりませんが、粗加工、仕上げ加工により加工変質層の形成厚さが変化するため、表面粗さだけで判断すると操業過程でピットの発生や割れを誘発させることもあるので注意が必要となります。図6-6-3に、型彫り放電条件とそれによる加工後の金型材料の変質層の変化を断面観察した結果を示します。

●表面処理性

　近年では、工具鋼に耐摩耗性が求められる場合が多く、金型材料の硬さだけでは操業安定性が得られないことがよくあります。そこで、各種の表面処理（めっき、窒化処理、CVD・PVDなど）を金型に適用して機能性を向上させています。工具鋼は各種の表面処理層と素材との皮膜の安定性、密着性、耐剥離性および皮膜との親和性の高い材料が要求されます。

　図6-6-4は、プラスチック成形用工具鋼やほかの金型への表面処理の適用に対して実用特性を発揮させるための各種の要因を示します。有効な表面処理特性を発揮するためには、処理層と素材との境界特性や表面の機械加工面（ツールマークや加工段差）を充分考慮した上で各種の表面処理を適用することが有効な性能を発揮させるためには必要な条件になります。

図 6-6-3　型彫り放電加工の加工条件の違いと変質層形成厚さの変化（SKD11材）

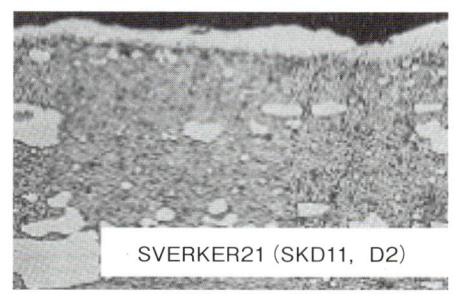

銅電極、パルス幅：10μm×500　　　　　　　銅電極、パルス幅：200μm×500

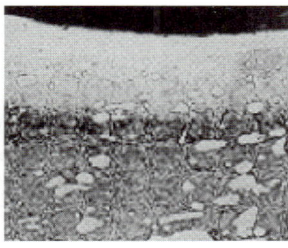

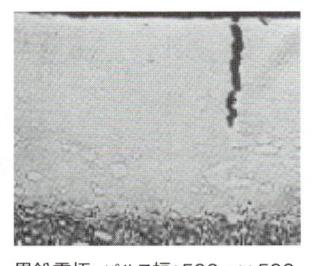

黒鉛電極、パルス幅：10μm×500　　黒鉛電極、パルス幅：100μm×500　　黒鉛電極、パルス幅：500μm×500

加工条件が大きい場合は、各種の金型材料で同様化挙動を示す。粗加工時の放電加工を大きな条件で加工すると、仕上げ加工を行っても、その内部には欠陥が除去されないで残留する。加工条件の選択は金型鋼の安定化にとって重要

図 6-6-4　金型の実用特性をあげる表面処理の諸要因

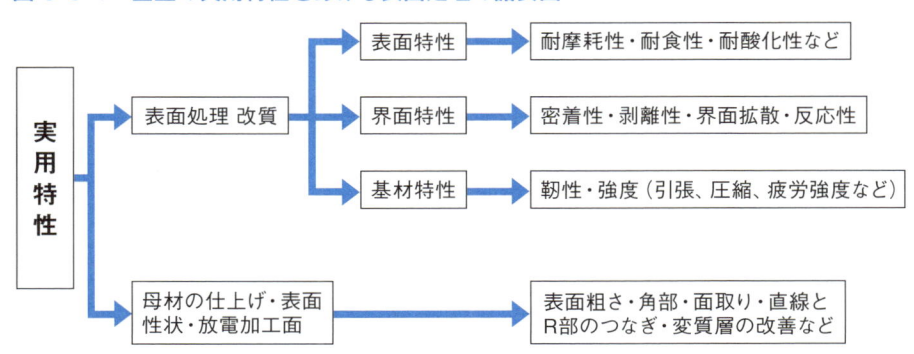

実用特性
- 表面処理 改質
  - 表面特性 → 耐摩耗性・耐食性・耐酸化性など
  - 界面特性 → 密着性・剥離性・界面拡散・反応性
  - 基材特性 → 靭性・強度（引張、圧縮、疲労強度など）
- 母材の仕上げ・表面性状・放電加工面 → 表面粗さ・角部・面取り・直線とR部のつなぎ・変質層の改善など

6-7 表面処理と溶接

●表面処理の種類

　プラスチック用金型に適用される主な表面処理には、めっき、窒化・軟窒化、PVD・CVD・PCVDがあります。以降、それぞれの表面処理法のほか、試打ち（トライ）段階で発生した修正のための溶接について説明します。

●めっき

　プラスチック用金型へ適用されるめっきには、硬質クロムめっきやニッケル－リンめっきがあります。水冷孔の耐食性向上や成形面における離型性の改善、コアピン・エジェクターピンの表面保護などに有効な処理です。これらのめっきの処理温度は50～100℃と低いために、処理にともなう金型の変形リスクが少なく安定した処理層が得られるので、費用対効果から考えると大きな効果になります。

●窒化、軟窒化

　プラスチック用金型において、窒化および軟窒化は主として耐摩耗性向上のために適用されます。処理温度が500～600℃程度ですので、処理される金型は高温焼戻し処理と併用できる利点があります。なお、プラスチック用金型の多くはステンレス系工具鋼のため、窒化処理による耐食性の低下は、処理時にCrN（窒化クロム）化合物が形成するため避けられませんが、耐摩耗性は表面硬さの向上により増加します。また、窒化処理層の硬さが800HV程度の場合は、窒化物（白層）の形成が少ない処理方法であり、表面の化合物形成にともなう剥離の危険性が少ない有効な処理となります（図6-7-1）。

図 6-7-1 硬質皮膜（CrN）および窒化処理＋硬質皮膜（CrN）の評価

スクラッチ試験後の表面（CrN 皮膜のみ）

荷重：40N　　　　　　　　荷重：60N

ヘアークラック　　　　　　全面剥離　　部分剥離

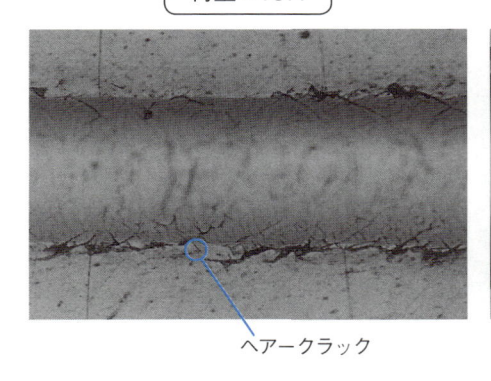

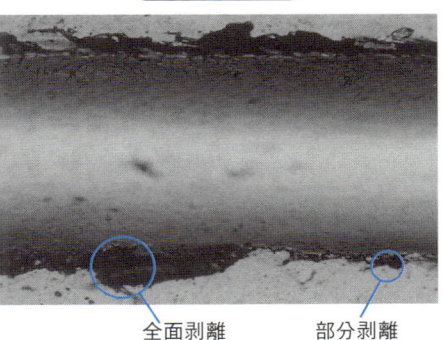

スクラッチ試験後の表面（窒化処理＋ CrN 皮膜）

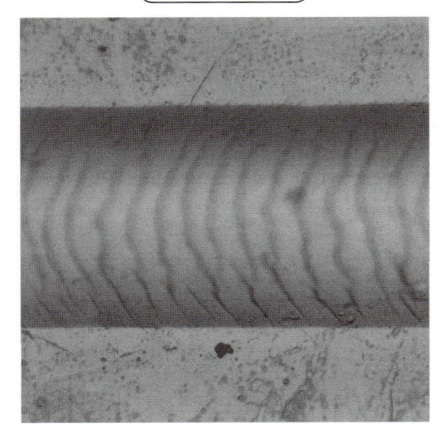

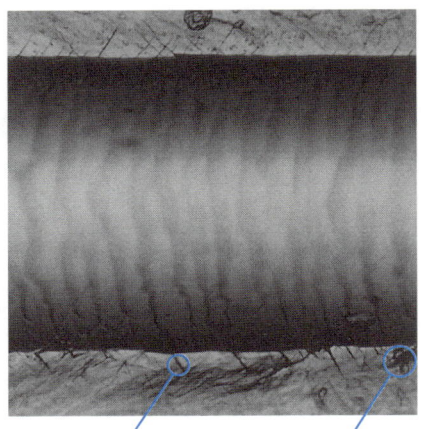

荷重：60N　　　　　　　　荷重：100N

ヘアークラック　　部分剥離

工具鋼（SKD11）表面に硬質皮膜（CrN）および窒化処理と硬質皮膜（CrN）を処理して、皮膜の健全性を評価（スクラッチ試験）した時の皮膜の剥離状態を示す。複合処理の健全性は、荷重が増加しても安定した結果が得られる

● PVD、CVD、PCVD

　PVD（物理的蒸着法）とCVD（化学的蒸着法）は、耐摩耗性、耐食性、離型性などの向上を目的として適用されています。CVDは処理温度が1000℃付近なので、処理後に再焼戻し処理による生地の硬さ調整が必要なことのほか、変形の問題があります。一般的には、処理温度が500℃程度のPVDおよびPCVD（プラズマ物理的蒸着法）による皮膜処理が変形の問題が少ないため、成形用金型には多く用いられています。

　プラスチック用金型に適用される皮膜の種類としては、硬さが1800〜3000HV程度の各種の皮膜（TiC、TiCN、TiN、Al_2O_3、TiAlN、TiC-TiCN-TiNなど）がありますが、耐食性向上の目的にはCrN皮膜も適用されます。また、工業的な利用に対して有望な皮膜として、高熱伝導性・低摩擦係数をもつDLC（Diamond Like Carbon：p172参照）があります。

　表6-7-1、表6-7-2は、プラスチック用金型への表面処理の適用事例と、DLCの各種の金型や製品への適用例を示します。プラスチック成形樹脂には近年、耐熱性の向上を目的にガラス混入樹脂が多用されています。この複合樹脂では、射出マシンのスプールや金型内の摩耗が激しく起こり、高硬度のプラスチック成形用工具鋼であっても耐摩耗性の向上が求められるので、各種の硬質皮膜や窒化処理が適用されています。

　また、DLCは熱伝導性が高く摩擦係数も非常に低いため、安定な平滑面および潤滑性に優れた特性をもつ皮膜として適用領域が広く、特殊用途の金型やピンなどに適用されている、今後も注目される表面処理です。

●溶接性

　新規金型は、湯流れ・凝固解析などにより、試打ち（トライ）段階における設計変更や修正が発生する場合があります。これにともない溶接加工を行うことが多くなっています。マルテンサイト系工具鋼などの高合金鋼の場合は、金型に予熱－後熱（温めて溶接を行いゆっくり冷やす操作）を行わなければ溶接割れが発生しやすくなります。

　また、これらの材料は溶接棒の選択を適切にしなければ、溶接部が母材成分と同じ状態にならない場合が多く、耐食性や機械特性が異なってしまうこ

とから、より安定した溶接特性の得られる材料の選択が求められます。また、溶接施工方法、適切な溶接棒（溶加材）の選択、溶接用材料やワイヤ防錆などの品質管理も、溶接中の欠陥発生の防止に重要な要件になります。

表 6-7-1　プラスチック用金型の表面処理適用事例

鋼種	成形樹脂	表面処理	損傷形態	寿命比較
SUS420J2 (53HRC)	ポリマー ＋25％ガラス	＊未処理 ＊TiN (3μm)	摩耗 改善	25 万寿命 80 万ショット
SUS420J2 (53HRC)	アセレン ＋30％ガラス	＊窒化処理 ＊TiN (3μm)	摩耗腐食 改善	3 万寿命 20 万以上
SUS420J2 (53HRC)	PPS ＋30％ガラス	＊未処理 ＊CrN (3μm)	焼付き・摩耗 改善	5000 メンテ実施 メンテ 2 万に延長
SUS440C (58HRC)	PC、光デスク 鏡面、摩耗	＊未処理 ＊DLC	焼付き・摩耗 改善	早期発生 スタンパの寿命著しく向上
SKD12 (56HRC)	PBT 樹脂	＊未処理 ＊TiN (3μm)	摩耗腐食 改善	20 万寿命 1000 万以上
SKD12 (56HRC)	液晶ポリマー	＊未処理 ＊DLC	腐食ガス焼 改善	初期発生 操業可能
SKD61 調質(40HRC)	ナイロン 60 ＋30％ ガラス	＊未処理 ＊CrN (3μm)	離型性 改善	非常に低下 安定離型性

表 6-7-2　DLC の特性と適用例

応用分野	特性	具体的適用例
切削工具	潤滑性、耐摩耗性、高熱伝導性	超硬工具、難切削材
金型	潤滑性、離型性	プラスチック成形、レンズ成形
摺動部品	潤滑性、耐摩耗性	磁気テープ走行ドラム、ガイドピン
装飾品	干渉性、潤滑性、耐食性	宝石、貴金属
保護膜	潤滑性、耐摩耗性、耐ガス透過性	磁気ヘッド、ハードデスク、ペットボトル
機能膜	潤滑性、耐摩耗性、赤外線透過性	眼内レンズ、赤外線透過窓

6-8 冷間用工具鋼

●工具鋼の鋼種

　冷間用工具鋼は一般に、プレス成形、押し出し成形、打ち抜き加工、ファインブランキング加工、ボディプレスなどに用いられ、高精度な製品を高能率に大量製造できる工具として使用されています。基本的に、薄肉製品の高速プレス成形の金型にはインサート材として使用され、ボディは冷間用工具鋼、切れ刃には超硬やセラミックスをインサートにして使用しています。工具鋼には、溶製材、粉末材（冷間用工具鋼、高速度鋼、超硬）が使用され、各工具鋼の特徴を有効に発揮できる成形法や製造方法がとられています（図6-8-1）。

●冷間用工具鋼の特徴

　冷間用工具鋼の特徴は、高炭素、クロム（Cr）、バナジウム（V）、タングステン（W）などの炭化物形成元素を添加して、各金属と結合した炭化物により耐摩耗性を向上させていることです。しかし、プレスの操業形態を考慮すると、単に生地や炭化物の硬さだけでは有効な機能が発揮できない場合が多く、生地の靭性を向上させた機能性の高い粉末製造技術が開発されています。

　図6-8-2は、靭性と耐摩耗性について工具鋼、粉末高速度鋼、超硬、セラミックスやアルミナ焼結材、cBN焼結材およびイヤモンド焼結材の関係を示しています。溶製工具鋼は靭性が高いですが、耐摩耗性は炭化物の成分により異なり65HRC程度の硬さが限度になります。一方、超硬以上の材種では、焼結金属の成分・種類により耐摩耗性は著しく異なる鋼種があります。

図 6-8-1 冷間用工具鋼の位置付け

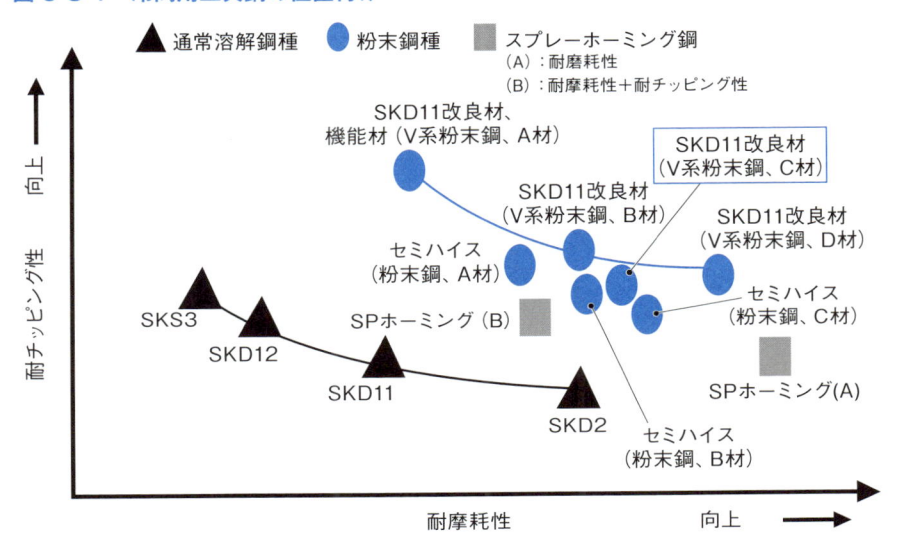

▲ 通常溶解鋼種　● 粉末鋼種　■ スプレーホーミング鋼
(A)：耐磨耗性
(B)：耐摩耗性＋耐チッピング性

縦軸：耐チッピング性　向上
横軸：耐摩耗性　向上

- SKD11改良材、機能材（V系粉末鋼、A材）
- SKD11改良材（V系粉末鋼、C材）
- SKD11改良材（V系粉末鋼、B材）
- SKD11改良材（V系粉末鋼、D材）
- セミハイス（粉末鋼、A材）
- セミハイス（粉末鋼、C材）
- セミハイス（粉末鋼、B材）
- SPホーミング（B）
- SPホーミング(A)
- SKS3
- SKD12
- SKD11
- SKD2

図 6-8-2 冷間用工具鋼の靭性と耐摩耗性

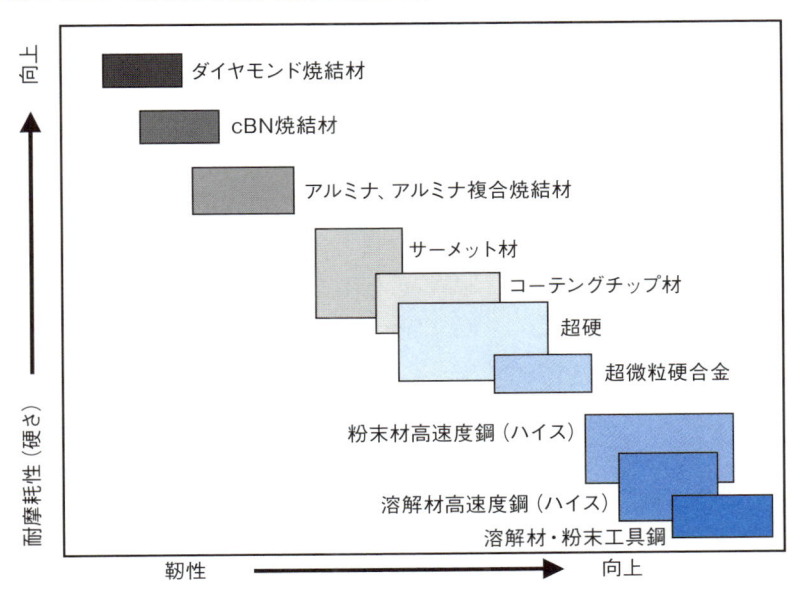

縦軸：耐摩耗性（硬さ）　向上
横軸：靭性　向上

- ダイヤモンド焼結材
- cBN焼結材
- アルミナ、アルミナ複合焼結材
- サーメット材
- コーテングチップ材
- 超硬
- 超微粒硬合金
- 粉末材高速度鋼（ハイス）
- 溶解材高速度鋼（ハイス）
- 溶解材・粉末工具鋼

6・金型材料

6-9 粉末冷間用工具鋼

●被加工材の高強度化

今日の自動車産業では、軽量化や安全対策の需要からプレス用工具鋼においても薄肉化や高強度化の進歩が著しくなっています。特に、自動車ボディ、メンバー部品や構造部品では、高強度ハイテン（高張力鋼板）の使用が増加しています。また、1200〜1700MPa級の超高張力鋼板（ウルトラハイテン材）も自動車用ボディなどに使用されてきています。これらの鋼板のプレス打抜き用パンチやダイには、被加工材の高強度化にともない大きな面圧や機械的負荷がかかり、金型材料に求められる品質特性の向上や型寿命改善の要求が益々高まってきています。

●粉末工具鋼の変遷

現在の粉末工具鋼は第3世代に位置付けられ、超清浄鋼の製造技術が提案されています。粉末鋼の開発初期から現在の第3世代にいたる材料特性の変遷を図6-9-1に示します。

通常の溶製法でつくられた冷間用工具鋼の場合、炭化物の粗大化や偏析の改善には限界があり、耐チッピング性の低下と軟質炭化物（M_7C_3：MはCr、Fe、V金属などと炭素が結合した成分の総称）の存在から耐摩耗性の向上が難しい状況でした。1970年代初頭、粉末冶金法による第1世代の粉末鋼が開発され、炭化物の微細化、局部偏析の改善により耐チッピング性と耐摩耗性が向上しました。また、M_7C_3炭化物よりも硬いMC系炭化物の生成が可能になってきました。

粉末冶金法による工具鋼製造の特徴は、炭化物の微細な分散と優れた等方性により耐摩耗性と耐チッピング性の性能が向上したことです。1990年代初頭に第2世代が開発され、2000年代以降には、靱性および耐摩耗性の著しい改善が行われました。なお各世代間での清浄度（介在物量に比例）を相対的に比較すると、第3世代では材料中の介在物存在量が、第1世代を

100％とすると15％程度に低下していて清浄度は著しく向上しています。

図6-9-1　粉末工具鋼の材料特性の変遷

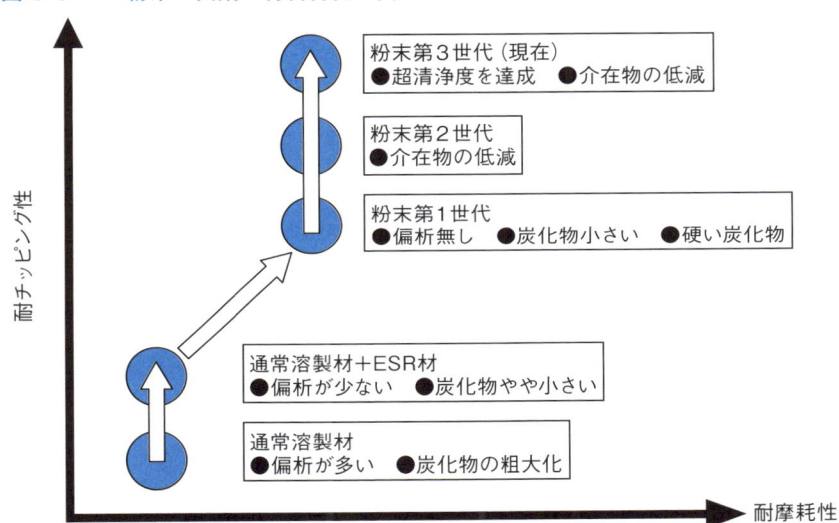

縦軸：耐チッピング性
横軸：耐摩耗性

- 通常溶製材
  - ●偏析が多い　●炭化物の粗大化
- 通常溶製材＋ESR材
  - ●偏析が少ない　●炭化物やや小さい
- 粉末第1世代
  - ●偏析無し　●炭化物小さい　●硬い炭化物
- 粉末第2世代
  - ●介在物の低減
- 粉末第3世代（現在）
  - ●超清浄度を達成　●介在物の低減

図6-9-2　冷間用工具鋼の靭性の比較

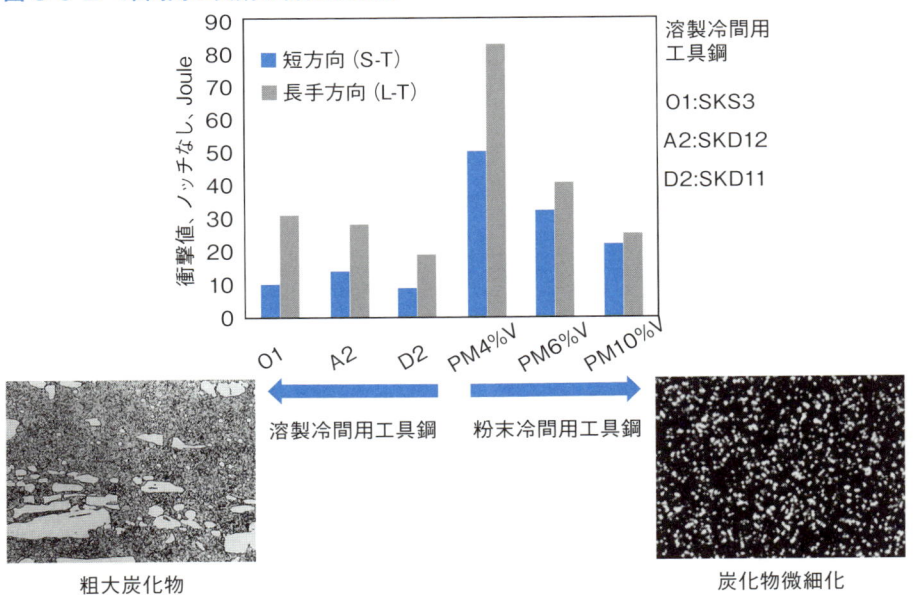

衝撃値、ノッチなし、Joule

■ 短方向（S-T）
■ 長手方向（L-T）

O1, A2, D2, PM4%V, PM6%V, PM10%V

溶製冷間用工具鋼
O1:SKS3
A2:SKD12
D2:SKD11

← 溶製冷間用工具鋼　　粉末冷間用工具鋼 →

粗大炭化物　　　　　　　　炭化物微細化

6・金型材料

157

●冷間用工具鋼の靭性と欠陥

　図 6-9-2 は冷間用工具鋼種の違いによる靭性の比較を示しています。溶製鋼の O1（SKS3）、A2（SKD12）、D2（SKD11）の衝撃値に比べ、粉末鋼（PM材）の各鋼種は微細炭化物が均一に分散し、炭化物の組成（CrC、VC）も硬さの低い炭化物と硬さの高い炭化物とがバランスが良く均一に分散しているので、衝撃値が溶製材に比べ高くなっています。材料のロール方向と反対方向から切り出した材料の値を比較しても、高性能の粉末鋼では著しく改善されていることがわかります。

　図 6-9-3 は冷間用工具鋼に認められた特徴ある欠陥形態を示します。摩耗には引掻き摩耗、凝着摩耗、その中間的摩耗（こすれ）と焼付き的な摩耗があります。また、各種の欠陥発生にともなう材料特性の比較を表 6-9-1 に示します。

　冷間用工具鋼に発生する欠陥は、引掻き摩耗、凝着摩耗、こすれ・焼付きのほかに、塑性変形、欠け、割れ（クラック）が主として起こります。これらの欠陥発生は、工具鋼の材種（溶製材、粉末材、超硬、セラミックス）により異なりますが、なかでも工具鋼の硬さと靭性の関係は材料の品質に大きく影響します。

●超硬合金

　周期律表のⅣ、Ⅴ、Ⅵ族金属の炭化物を Fe、Co、Ni などの金属粉末と同時に焼結した複合材料を超硬合金（Hard Metal、Cemented Carbide）といい、機械的に最も優れている焼結粉末材料です。一般的には WC−Co 系合金を超硬合金と呼んでいます。特徴としては低温硬さや高温硬さに優れ、高強度で各種の物理的特性が安定している点が挙げられます。また、耐酸化性材料には、WC−TiC−Co 系合金、WC−TaC−Co 系合金、WC−TiC−TaC−Co 系合金が使用されています。超硬合金は、切削工具、金属ロール、スリーブ、金型、スウェージングダイ、ホーミングダイ、ノズル、検査ゲージ、切断刃および耐食性を向上させる部品など、広範囲に使用されています。

図 6-9-3　冷間用工具鋼の摩耗発生要因と欠陥形態

引掻き摩耗　　　　　　　こすれ、焼付き　　　　　　凝着摩耗

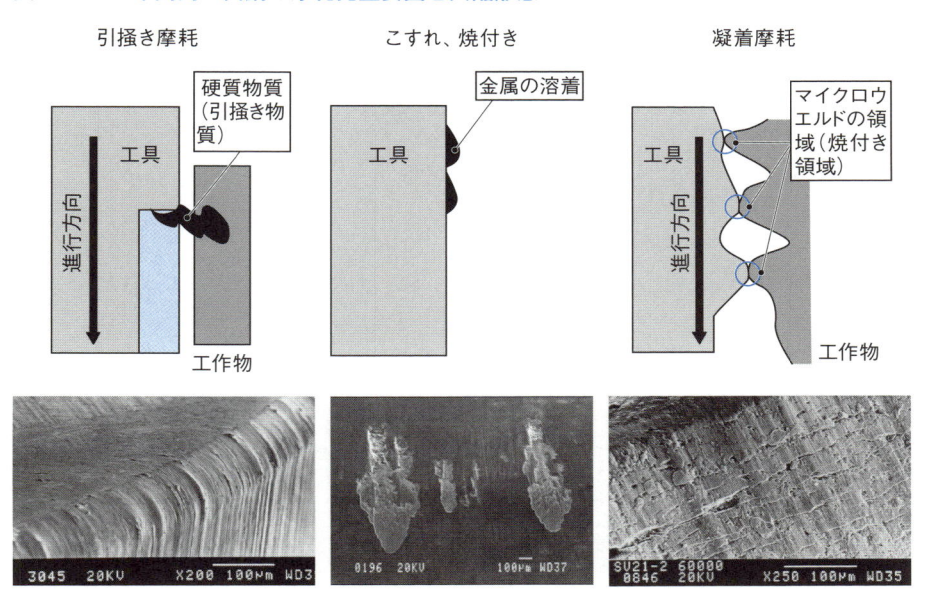

表 6-9-1　冷間用工具鋼の欠陥発生と材料特性

引掻き摩耗	凝着摩耗	焼付き、こすれ摩耗
↑ 生地硬さ	↑ 表面硬さ	↑ 表面硬さ
↑ 炭化物量	↑ 延性	↑ 延性
↑ 炭化物サイズ	↓ 摩擦係数	↓ 摩擦係数
↑ 炭化物の硬さ	↓ 表面粗さ	↓ 表面粗さ
塑性変形	**欠け**	**割れ**
↑ 硬さ	↑ 延性	↑ 靱性
↑ 降伏強度	↑ 疲労強度	

6-10 熱間用工具鋼

●ダイカストの特性

　今日のダイカスト鋳造技術は、鋳造機械の超高圧化、高サイクル化や製品の軽量化・低コスト化などの技術的および経済的な諸要因が加味されて、非常に過酷な状況になってきています。鋳造品の安定した生産性の維持には金型の品質安定化が最も重要な要件になります。また、ダイカスト用金型の寿命向上と低下は表裏一体で、金型材料の選択、金型加工（キャビティ、水冷孔、直彫り、放電加工など）、熱処理・表面処理および溶接補修・メンテナンスが適切に行われるか否かにより決まります。

　大型ダイカスト製品の製造では、近年、一体化した金型が使用されることから、金型の品質維持には、機械加工、放電加工、熱処理、表面処理、メンテナンスなどの総合技術が求められるので、安定した操業には加工技術の確立が必要になります。

●熱間用工具鋼の損傷例と適用鋼種

　図 6-10-1 は熱間用工具鋼を使用しているダイカスト、鍛造、押し出し加工に認められる損傷形態とその事例および適用鋼種の概要を示します。各加工法により金型加工面に発生する欠陥形態は異なりますが、加熱－冷却の操業過程での熱負荷によるトラブルが多くなってきています。それ以外の問題点として、ダイカスト鋳造が溶融金属を使用した製造技術であるために、金型表面と溶融金属との溶損などの反応現象も同時に現れることが挙げられます。

　図 6-10-2 は、熱間用工具鋼のポジショニングを示します。熱間系工具鋼は熱サイクルや熱応力が表面に負荷されるため、塑性変形したり、クラックが発生したりします。そこで、ダイカスト、鋳鍛造、ガラス、焼結用への金型の適用には、耐ヒートチェック性、大割れ性、金属との反応性、耐摩耗性などを操業中の金型や製造条件から詳細に検討して、熱間用材料の鋼種を選択する必要があります。

図 6-10-1　熱間用工具鋼の損傷形態、事例と適用鋼種

	ダイカスト鋳造（Al、Mg、Zn）	鍛造（冷間、温間、熱間）	熱間押出（Al、Cu、Fe）
損傷形態	1：ヒートチェック 2：大割れ 3：溶損、焼付け	1：ヒートチェック 2：摩耗 3：大割れ、割れ	1：摩耗 2：大割れ、割れ 3：変形
損傷事例	ヒートチェック／溶損	摩耗、クラック（割れ）／塑性変形	スリットの割れ
適用鋼種	SKD61、62、 SKD61 改良材 （H13、H11）、 3Cr-Mo-V	SKT4、SKD61、 3Cr-Mo-V （析出硬化鋼）、 SKD7、8、 HSS	SKT4、 SKD61、62、改良材 （H13、H11）、 SUH、インコネル

図 6-10-2　熱間用工具鋼のポジショニング

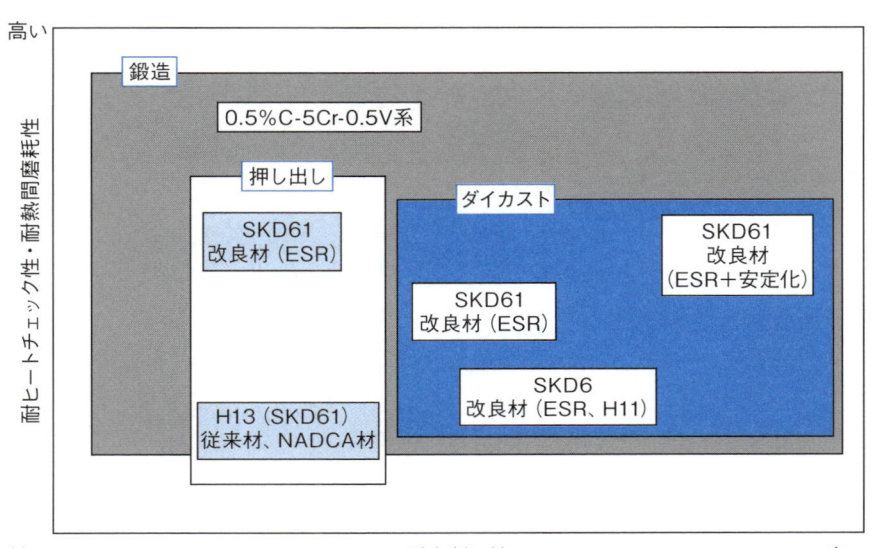

縦軸：耐ヒートチェック性・耐熱間磨耗性（低い〜高い）
横軸：耐大割れ性（低い〜高い）

- 鍛造：0.5%C-5Cr-0.5V系
- 押し出し：SKD61 改良材（ESR）／H13（SKD61）従来材、NADCA材
- ダイカスト：SKD61 改良材（ESR＋安定化）／SKD61 改良材（ESR）／SKD6 改良材（ESR、H11）

6-11 ダイカスト用金型の熱疲労と溶損

●ダイカスト用金型の熱疲労

　ダイカスト鋳造過程における金型の熱疲労現象は、工具鋼の靱性、延性、クラック進展速度などの材料特性と、操業過程で発生する機械的応力に起因します。一方、溶損現象は、金型材料と溶融金属との反応性と接触摩耗現象に大別できますが、反応形態は鋳造合金の種類（Al、Mg、Znなど）により異なります。

　ダイカスト用金型の熱疲労メカニズム（図6-11-1）は下記のような流れで発生します。①加熱－冷却の熱サイクルにともなう繰り返しの熱応力・熱疲労（応力腐食、表面酸化と脱元素）、②金型表面の加熱による素材の高温強度の低下（ダイプレートや金型の剛性による圧縮応力および塑性変形、局部ひずみ、転位の増殖）、③冷却による引張応力の発生にともなう割れの発生（加熱時の圧縮塑性変形部からのクラックの発生）。このような流れにより、金型表面にはヒートチェック（微細クラック）や大割れが認められることになります。なお、靱性の低下は大割れのクラックを発生させ、延性の低下はヒートチェックが発生します。

●クラックとヒートチェック

　金型表面にクラックが発生すると、クラック先端の開口部は金型の予熱や高温多湿状況により表面酸化が急激に起こります。初期の微細なクラック内では、酸化物が徐々に開口部で析出・成長して、充填されていきます。

　図6-11-2はヒートチェックの発生および進展状態の観察結果を示します。表面近傍のヒートチェックおよびクラックは、3次元方向に進展・成長する形態をとります。また、クラック内の酸化物形成により体積膨張が起こると、生地中に圧縮応力が発生し、ヒートチェックが開口したクラックに成長して内部まで深く進展するので、表面近傍では面脱落が起こります。

図 6-11-1　ダイカスト用金型の熱疲労メカニズム

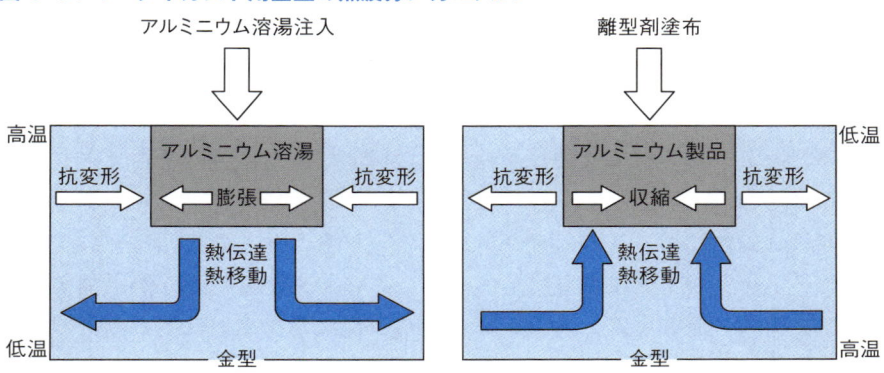

図 6-11-2　ヒートチェックの発生と進展状態

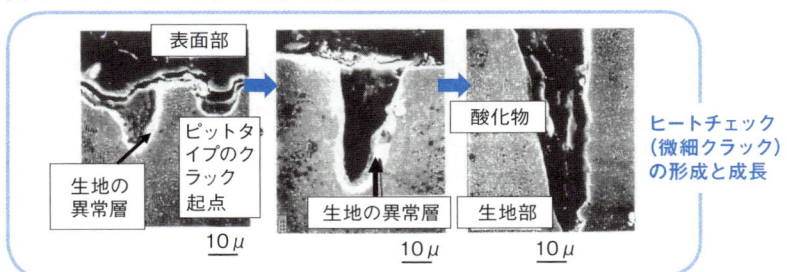

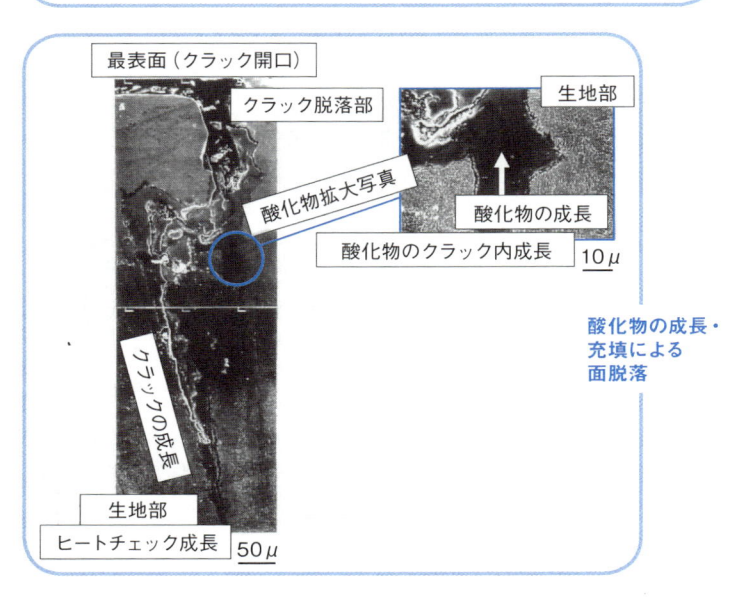

基本的な熱疲労は、金型表面に負荷される熱応力にもとづき起こりますが、それ以外の機械的・形状的要因なども実際には大きく影響します。また、金型の構造や材料内部の欠陥並びに異常組織の存在は、操業中の寿命に大きな影響を及ぼします。金型の健全化・安定化にはこのような欠陥の発生の要因を極力低下させる材料改善、熱処理、機械加工法や各種の工程改善が必要になります。

　図6-11-3は熱間用工具鋼の硬さと靭性値（材料の強さの指標）との関係並びにヒートチェック発生状態を示します。この結果から、硬さが増加すると耐ヒートチェック性も向上することが明らかになります。金型の場合はキャビティ形状（製品形状を製作した面）が複雑なために、熱応力にともなう応力集中と切り欠き靭性の低下を考慮して、金型の硬さを実験値に比べ通常は少し低くして使用しています。

　また、ダイカスト用金型のような複雑な形状の機械加工面のコーナ半径（コーナR）の大きさは、衝撃値と密接な関係があります。コーナRの曲率半径が0.75mm以上では衝撃値には影響しませんが、それ以下では半径の大小により衝撃値が著しく変化します。

●ダイカスト用金型の溶損

　図6-11-4はダイカスト用金型に発生する溶損現象の代表例を示します。溶損現象には腐食、焼付き、キャビティーションエロージョン（金属の流速が激しいと金属との間で摩耗が発生する現象）などが発生しますが、これらの欠陥が発生すると、金型の稼動不良や製品の欠陥の発生頻度が高くなり、生産性は著しく低下することになります。

　これらの改善策には安定した熱処理と表面処理が有効になりますが、一方で金型の形状・設計、湯流れ、局所加熱、溶融温度・速度、溶融金属成分（Al、Mg、Zn）などにより、発生する欠陥の形態は各々異なります。

　焼付きや溶着の主たる発生原因は、金型成分と溶融金属との化学反応や溶融温度などです。また、腐食現象は溶融金属における射出時の湯流れの不均一や金型物質との化学反応などにより大きく異なります。溶損の発生は、湯流れ速度、キャビティーションエロージョン、高射出圧力、金型の熱間硬さなどの要因が大きく影響します。離型剤塗布の際の残存水分による金型表面

の腐食、放電加工変質層の残存によるピット発生などが操業過程で発生します。

図6-11-3 熱間用工具鋼の硬さと最大クラック長さ

試験条件：20～700℃
試験サイクル数：800サイクル
熱処理条件：1025℃冷却
速度：30℃/min

SKD61改良材（ESR）

SKD61改良材（ESR＋安定化）

＊写真はヒートチェック発生状態

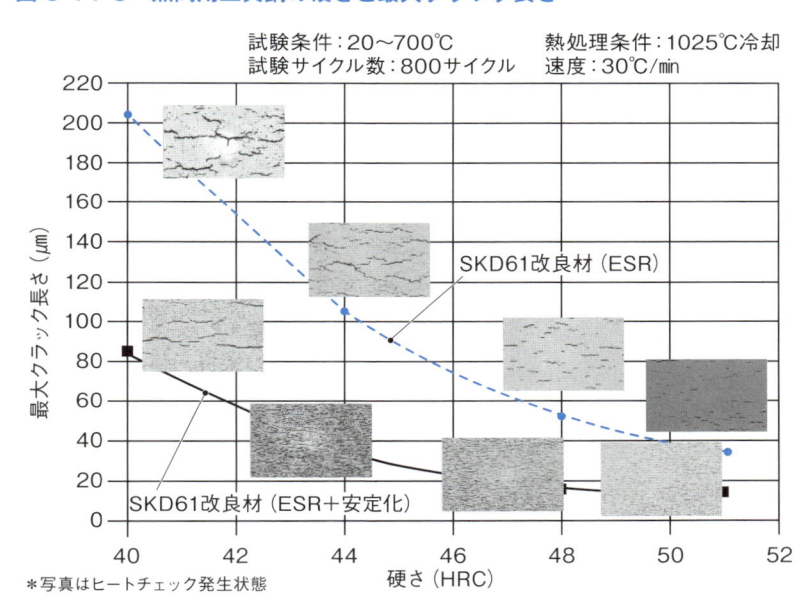

硬さ（HRC）

図6-11-4 ダイカスト用金型に発生する溶損現象例

溶湯金属による侵食

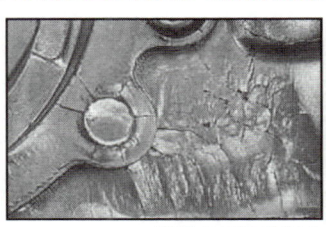

溶湯金属の焼付き

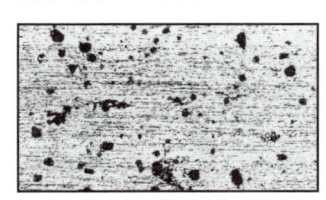

放電加工面のピット

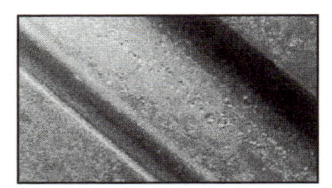

離型剤による腐食

165

6-12 熱間用工具鋼の熱処理技術

●様々な熱処理技術

　工具鋼の熱処理は、その材料の機能性を有効に発揮させる上で、非常に重要な基盤技術です。いかに良質な素材（工具鋼）を使用しても、適切な熱処理が行われないと金型の操業過程におけるトラブル発生の原因になります。今日の工具鋼の熱処理には、真空加圧タイプの熱処理炉が多く使用されています。この理由として、①作業環境の改善、②金型の光輝熱処理が可能、③冷却時に高い加圧力が得られる、④大型の熱処理炉が製造可能になる、などの機能性が挙げられます。真空加圧ガス冷却方式においても、熱交換器の効率化や冷却方法の改善などにより、従来の水焼入れ、油焼入れ、ポリマー焼入れ、溶融塩焼入れなどとほぼ同様の冷却速度も得られ、焼きムラの少ない処理も可能になります。

　大型金型材料の場合は、オイル焼入れが最良の方法となりますが、焼入れ時の火災の危険性などを考慮して、ポリマー冷却による焼入れも行われています。しかし、大型金型材の熱処理では、雰囲気温度や表面硬さの管理だけでは安定した熱処理と材料特性を有効に発揮できない場合が多いです。

●加熱・冷却手法と組織変化

　一般的に材料の評価は試験材で行いますが、実際の複雑で各部の厚さの異なる金型では得られる熱処理特性は重量（質量）や形状の違いのために異なります。熱処理の安定化には熱処理過程において、金型の表面部と中心部の温度測定を熱電対により各工程間で行い、内外の温度差を極力少なくさせる加熱・冷却手法を確立する必要があります。

　図6-12-1は、熱間用工具鋼（SKD61）の熱処理時の手法の違いによる組織変化と金型寿命の関係を示しています。また、工具鋼の熱処理時における冷却速度の違いは、著しく材料特性に影響をおよぼします。これにより金型寿命は大きく変化します。

図 6-12-1 熱処理の違いよる組織変化と金型寿命

HRC 38、硬さの低い場合
寿命：〜 50.000

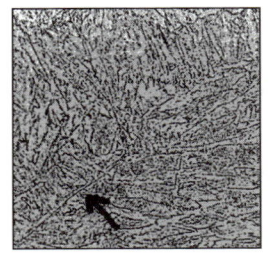

熱処理不良、
粗いベイナイトの発生

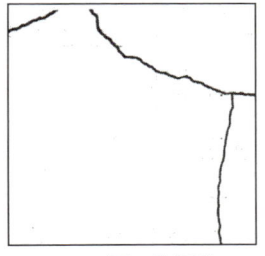

HRC 52、悪い熱処理
寿命：〜 8.000

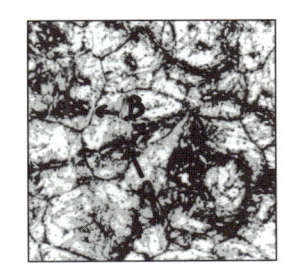

粒界炭化物＋
未溶解炭化物存在

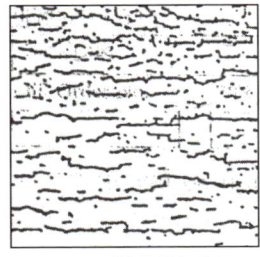

HRC 48、通常熱処理
寿命：〜 100.000

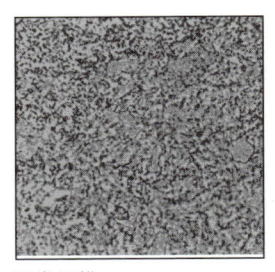

通常組織

6-13 鍛造用工具鋼

●鍛造加工が金型に与える負荷

　近年の鍛造加工は、バリなしやニアネットシェイプ化が進み、工具鋼表面に与えられる面負荷の増加、加工温度の上昇が進んでいます。これは、製品精度の向上や金型寿命の安定化にとって重要な技術課題です。

　鍛造加工法には、冷間、温間、熱間加工法がありますが、冷間鍛造は加工時の工具鋼に負荷される面圧が高くなるため、熱間鍛造は塑性変形能が高温作業なので、工具鋼表面の温度が上昇するため、金型の寿命低下が激しくなる傾向があります。図6-13-1は、鍛造工程における金型への負荷応力と鍛造作業の温度領域を示します。負荷応力は冷間鍛造の場合が非常に高くなります。350～550℃近傍には脆性加工域が存在します。一方、温間鍛造・熱間鍛造域の場合、金型面に負荷される応力は低くなりますが、金型の表面温度が鉄鋼材料のA1変態域（組織が変化する温度域）を超えて加工を行うため、金型材料の軟化抵抗、クリープ強度および高温強度が求められます。

●鍛造用工具鋼の発展

　図6-13-2は鍛造加工の技術動向の推移を示します。閉塞鍛造技術の進歩・発展により、熱間用工具鋼の機械的性質や靱性に対する要求は厳しくなってきています。そのため精密部品の鍛造作業では、超硬材料やセラミックス材料を用いることがあります。超硬材料も、近年は粉末製法の進歩により超微細粉末の製造が可能になり、工具鋼として使用する機械的特性や靱性が向上し、粉末素材特有の均質化が達成され有効な結果が得られています。

　鍛造用工具鋼の使用に当たっては、作業の特徴を明確にして各作業に見合う工具鋼の選択が必要となりますが、高精密鍛造製品の製造には超硬材料、クランクタイプの作業には従来のSKT4およびSKD61工具鋼が使用されて

> **解説** **ニアネットシェイプ**：機械加工や除去加工の工程を減らすため、最終製品にできるだけ近い形状をつくる成形法

います。また、鍛造用工具鋼は、使用時のキャビティ面の摩耗が激しく、寿命が非常に低い傾向にありますが、使用した工具鋼の再利用も行われており、Reuse技術も発展してきています。再利用技術は、工具鋼のキャビティ面を溶接によりリシンク（使用済み金型の摩耗面を溶接により埋めて金型に再加工補修する方法）を行う場合が多いですが、高温特性の良好な溶接金属の選択により、金型寿命は従来の方法に比べ向上する結果が得られています。

図6-13-1　鍛造の負荷応力と加工温度

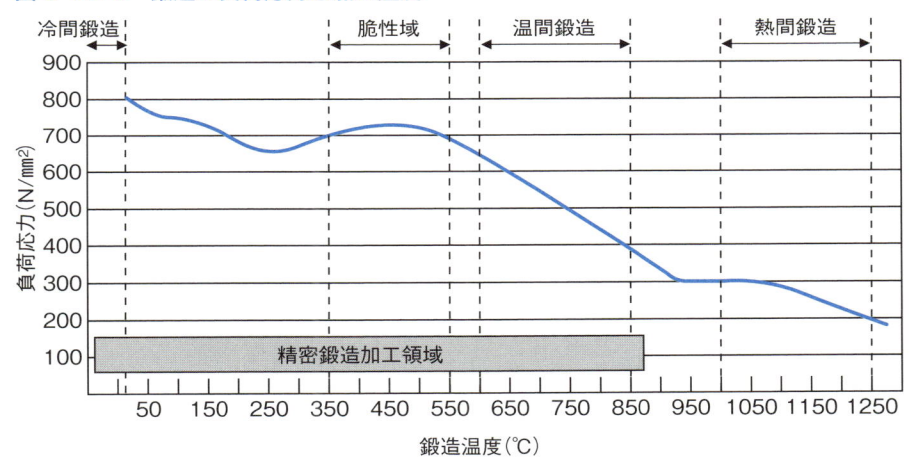

図6-13-2　鍛造加工の技術動向の推移

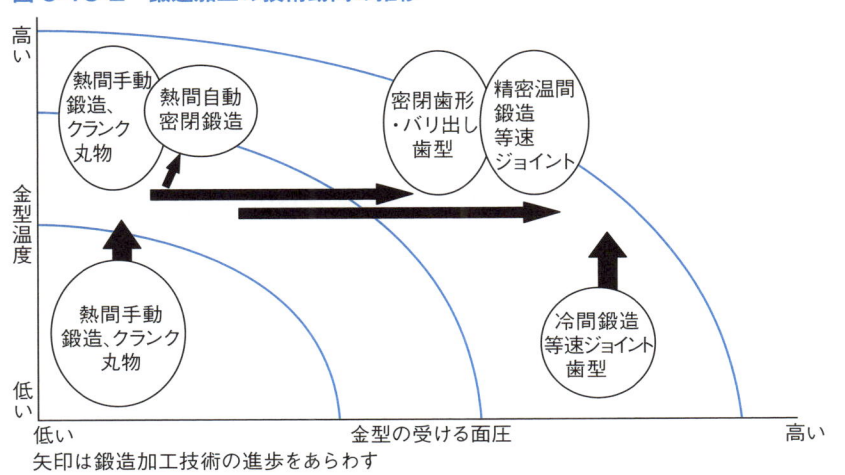

矢印は鍛造加工技術の進歩をあらわす

6-14 表面処理・改質技術

●表面処理方法の種類

　各種の表面改質法は、従来から摺動部(しゅうどう)の耐摩耗性や耐食性などが要求される機能部品に適用されてきました。しかし、近年の機能性表面処理および改質法は、技術の進歩にともない、鍛造・ダイカストなどの熱間用金型、プラスチック用金型、プレス用金型およびガラス用金型などの各部品に適用され、金型や材料の安定性向上に大きく貢献しています。また、素材の機能性を高めるばかりでなく、操業安定性の維持や材料との相互補完による機能性の向上が図られています。表面処理には表6-14-1に示すような各種の処理方法があり、拡散処理（窒化処理、浸硫窒化処理、ガス窒化処理、プラズマ窒化・浸硫処理など）や皮膜処理（PVD、CVD、PCVDなど）が行われています。

●表面処理方法の傾向

　近年の工具鋼は、高サイクル化（操業時の高寿命化）、製品の高硬度化や過酷な操業条件下での操業・寿命安定化が求められるため、素材のままや単一表面処理では、その特性や過酷な要求性能を達成できない場合が多くなってきています。これらの背景から、ガス軟窒化＋酸化処理、プラズマ軟窒化処理＋酸化処理、ガス軟窒化＋活性化処理（ラジカル処理）＋酸化処理、プラズマ軟窒化＋酸化処理またはガス軟窒化処理＋酸化処理など、窒化処理系においても複合処理が行われています。

　今日では各種の工具鋼に、その目的・機能に応じた各種の表面処理が適用されていますが、機械加工面や熱エネルギー加工面をオンライン化で改質処理（レーザ、ピーニング、電子ビーム、EDMなど）して、表面の安定性を向上させる方法も報告されています。また、硬質皮膜処理については、皮膜特性や成膜時の膜安定性（ドロップレット：皮膜成分が集積した欠陥）や成

解説 **TRD**：Thermo Reactive Deposition and Diffusionの略称。TD処理ともいう。鋼の表面に硬いVC皮膜を形成し、耐摩耗性や耐食性を向上させる表面処理

膜特性の改善が図られ、その機能を発揮しています。なお、日本で開発されたTRD処理もピンや可動中子、プレス金型の耐摩耗性の向上を目的に多用途に使用されています。複雑で寿命の短い金型などにはTiALN＋プラズマ窒化処理の複合化、CrNやCrCなどの硬質皮膜も適用されています。近年では皮膜の靭性、密着性や耐熱疲労特性の向上などの技術開発により、これらの皮膜も苛酷な熱間金型へ適用されるようになっています。

●表面粗さの改善

金型の機械加工時の表面粗さが大きいと、期待した結果が得られない場合があります。キャビティ、冷却回路の加工や各種の金型部品においても欠陥の発生起点は表面状態（ツールマーク、放電加工面、切削条痕など）により著しく異なり、表面の「粗さ」を改善すると寿命向上や表面特性の安定性を得られることが多くなります。

表6-14-1　金型工具鋼の表面処理の適用例

作業領域	使用鋼種・要求特性	寿命の比較（良好＞不良）
ダイカスト用金型	SKD61（溶損）	Hard窒化＋TiN＋TiBN/TiC＞プラズマ窒化＋TiN＋TiBN/TiCN＞Hard＋TiN＋TiAlN＞CrN＞BN＞CrC＞無処理（SKD61、H13）
	SKD61（摩耗）	TiN＋TiAlN＞H13＋窒化＞無処理（H13、射出圧力による剥離試験で評価）
鍛造用金型	SKD61（摩耗）	Baliant FUTURA＞PVD＞無処理（SKD61）
絞り型	SKD61（摩耗）	TiN＋WC/C、3層皮膜＞無処理（SKD61）
プレス用金型	SKD11（摩耗）(DIN1.3343)	Baliant B＞Baliant A（TiCN）＞プラズマ窒化＞無処理（SKD11）
	SKD11（欠け、摩耗）	TiCNが無処理に比べ、2.5倍寿命向上、被加工材：800MPa、t=0.25mmハイテン材

❗ 金型の表面処理技術：DLC コーティング金型

　DLC は Diamond Like Carbon の頭文字を取って命名されたもので、その名が示すようにダイヤモンドライク（ダイヤモンドみたいな）カーボン、すなわち炭素原子から成っています。炭素は、原子間の結合形態により様々な特徴をもった物質になります。ダイヤモンド、黒鉛（グラファイト）などの結晶質と DLC のような非晶質（アモルファス）構造があります。

　表面の平滑さ、潤滑性あるいは耐溶着性などの特徴からアルミ加工用の刃具、金型、粉末成型用金型などへの適用が期待されています。

　DLC は潤滑性が良いこととアルミとの親和性が低いことが耐溶着性を高めます。ハイスを用いたアルミ加工ではアルミ分が鉄成分と結合して化合物を生成するため、これが構成刃先溶着の原因となります。DLC は、アルミとの親和性が低いためアルミと基材とを隔離し、化合物を生成させ無いことで耐溶着性が高まります。

　一方、種々の金型がある中で、その生産量が着実に増えているものにダイカスト用金型があります。アルミ製品は軽量であり、今後ますます多くなると考えられます。ダイカスト用金型の不具合ではヒートチェックがあります。これは、溶融金属による加熱、その後の冷却の繰り返しによって、チェック状のクラックが発生することです。この種の金型では、潤滑剤・離型剤が使用されますが、DLC コーティングによってこれを無くす試みが始まっています。

　DLC コーティングは、ヒートチェックの減少、型寿命の延長などが報告されており、エコな技術として期待されています。

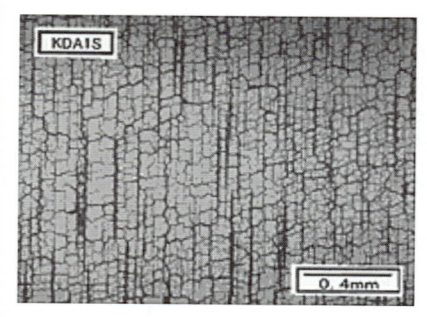

ダイカスト金型で発生するヒートチェック
（写真提供：日本高周波鋼業㈱）

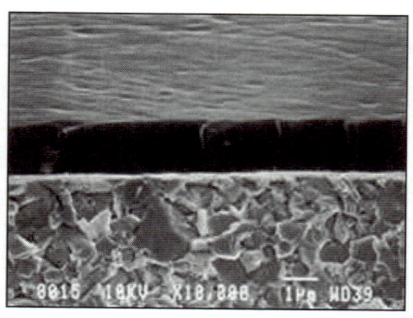

DLC コーティングした表面の SEM 写真
（写真提供：オリエンタルエンヂニアリング㈱）

第7章

今後の金型技術

新しい金型技術の開発は現在も進められています。
この章では、最新の金型技術と
今後もたらされるであろう金型技術を紹介します。

7-1 金型事情あれこれ ①　これからの金型技術

●これからどうなる金型事情

　プラスチック射出成形やプレス加工など金型を使用する部品は変化し、その都度新たな金型が求められています。また、金型生産期間は短くなり、そのための新しい金型生産技術の開発が日進月歩で行われています。一部の量産部品は、金型レス化が実現しており、切削加工による大量生産方式も行われていますが、依然として部品の量産は、主に金型を用いて行われており、金型と金型生産方式の更なる進展が求められています。

　これからの金型と金型生産技術はどうなるのか、以下に金型事情の一端を紹介します。

1) 金型生産におけるコンピュータ技術の活用

　コンピュータの発展は、金型や生産技術分野にも多大な技術革新をもたらすことでしょう（図7-1-1）。例えば、下記のような具体的な分野で実用化技術の開発が進められています。

- ・CAEの予測精度の向上
- ・異なる種類の3次元CADデータの相互変換
- ・設計におけるAI活用（人工知能）
- ・射出成形加工条件のフィードバック制御

2) 金型製作におけるノウハウのディジタル化

　手仕上げのテクニックや工具摩耗のチェック、成形不良時の加工条件調整など、ベテラン職人が体得してきた技能のディジタルデータベース化が進展すると考えられます。

3) プラスチック射出成形機、プレス機のメカニズムの変化

　プラスチック射出成形機やプレス機械のメカニズムは、従来から油圧が主流でしたが、精密制御を指向する分野を中心に、サーボモータによる駆動方式に切り替わってきています。電動化することにより、省エネルギー化（プラスチック射出成形機の場合は、油圧機械に比較して電気料は半額程度まで

削減が可能)、精密制御、静音化、クリーン化を実現することができるようになります。

4) センサ技術の応用

射出成形機や金型の内部に圧力センサや温度センサを組み込んで、肉眼では監視できない成形機や金型の内部状況をリアルタイムにデータ採取して、品質管理や加工条件の制御に利用しようとする技術開発も進められています（7-4 参照）。

5) IT 技術の応用

インターネットとのリンクによって、金型の受発注や標準部品の購入などが盛んに行われることになるでしょう。また、金型の設計データや NC 加工データも地域や国境を越えて、頻繁にやりとりがなされるようになるでしょう。インターネットは、ブロードバンド時代に突入し、WCDMA 方式の携帯端末が登場することによって、今までにはなかった新しい形の生産情報のやりとりが行われるようになるのではないでしょうか。データのセキュリティ管理技術や不正競争の防止など、新しい技術やルールの確立も求められるようになるでしょう。

図 7-1-1　コンピュータがもたらした技術

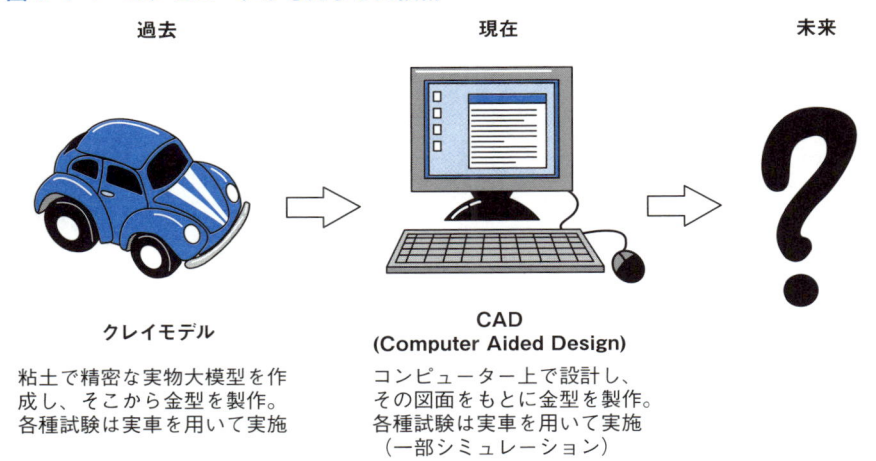

過去　　　　　　　　　現在　　　　　　　　　未来

クレイモデル　　　　　　CAD
　　　　　　　　(Computer Aided Design)

粘土で精密な実物大模型を作成し、そこから金型を製作。各種試験は実車を用いて実施

コンピューター上で設計し、その図面をもとに金型を製作。各種試験は実車を用いて実施（一部シミュレーション）

7-2 金型事情あれこれ ②
バイオプラスチック

●環境問題と金型事情

　今日、社会ではリサイクルや環境への配慮が重要視されています。プラスチック製品においても、使用後の廃棄処理でCO_2（炭酸ガス）を極力発生させないことが求められています。

　こうした流れの中で注目を集めているのがバイオプラスチックです。ポリ乳酸（PLA）、ポリヒドロキシアルカノエート（PHA）、ポリアミド11（PA11）、植物由来ポリエチレンテレフタレート（PET）などの種類があります。

　バイオプラスチックは、トウモロコシや芋類のでんぷん、糖、セルロースなどを合成したもので、化石資源はいっさい使用しません（図7-2-1）。従来の化石燃料からつくるプラスチックと異なり、廃棄時に大量のCO_2を出さないことが大きな特徴です。また、生分解性と呼ばれる性質があり、廃棄した際には自然界にいるバクテリア（微生物）が水とCO_2に分解して、それを植物が光合成に使うことで、最終的にでんぷんとして土に還ることができます（図7-2-2）。

　ただ、射出成形時の多量のガスが発生するという問題や、樹脂が金型内で硬化するまでの時間が長いという難点も残っており、まだまだ改良の余地があるといえるでしょう。

　2011年現在、バイオプラスチックの使用量は合成樹脂全体の1%にもなりませんが、これからは使い捨て容器や梱包資材などに多用され、5～10%程度へ急速に普及が進んでいくものと予想されています。高級洋菓子容器、化粧品容器、総菜パッケージ、ミネラルウォーターボトル、文房具などに関しては、すでに販売されているものもあります。

　環境に配慮したプラスチックの開発には、多くの国の意欲的な取り組みが貢献しています。今後も改良や応用がされていけば、バイオプラスチックが一般的に使われる日もそう遠くはないかもしれません。

図 7-2-1　トウモロコシでつくられた生分解性プラスチック

図 7-2-2　生分解性プラスチックの分解の様子

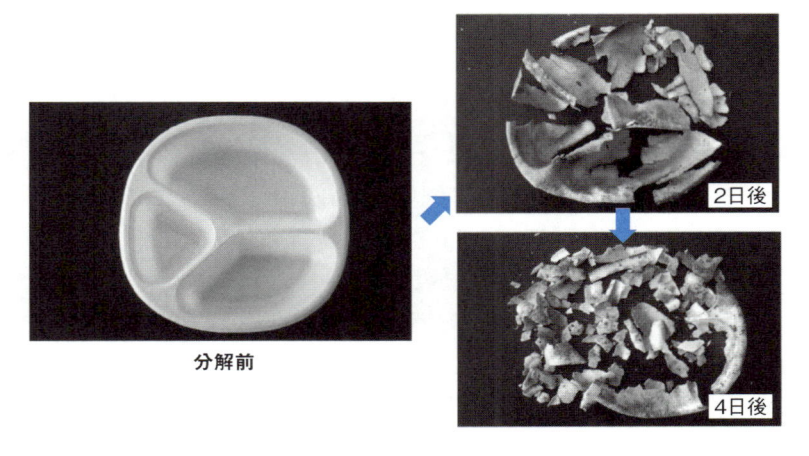

分解前

2日後

4日後

7・今後の金型技術

177

7-3 金型に使用される新技術①
ホットランナー

●スクラップとなるランナー

　プラスチック用射出成形金型では、溶けたプラスチック（樹脂）を射出成形機のノズルから金型の中へ流すための流路が必要になります。この流路のことをランナー（runner）と呼びます。一般の射出成形金型では、ランナー部は成形品と一緒に金型から取り出され、成形品と切り離した後はスクラップになります。スクラップは、熱の影響を受けたり、工場の汚れや異物などを付着したりする可能性が高いため、砕いて再利用することができる場合とできない場合があります。再生ができない大半のスクラップは産業廃棄物として燃焼処理あるいは埋設処分されます。貴重な石油から生産されたプラスチック素材のある割合は、このようにスクラップとなってしまうことから、スクラップの排出量を削減する手段が環境保護のためには重要です。

●ホットランナー

　金型の内部にヒーターを埋設し、ランナー部を保温した状態で、スクラップが生じない、または最小限の長さに抑制できる技術が開発されています。これらをホットランナーと呼んでいます（図7-3-1）。

　ホットランナーは、特に大量の生産数量が計画されている金型では、コストダウン、環境保護の点で大きな優位性を発揮します。また、キャビティへ溶融樹脂を熱い状態で流入させることができるので、低い充填圧力で成形が可能となり、遠くの距離まで樹脂を流すことができるようになります。

　最近のホットランナーでは、ゲートの開閉を機械的に行うことができるバルブゲートが実用化されています。樹脂の種類によって、バルブゲートは切断面の美麗性、成形条件の安定などに威力を発揮します。また、ホットランナー金型では、多数個取りの成形が可能です。64個取り、128個取り、最大規模では216個取りにも及ぶ金型が製作されて実際に使用されています。

　一方、自動車のバンパーやインストルメンタルパネルなどの大型成形品で

は、4点ぐらいのバルブゲートを設けておいて、バルブの開閉タイミングを、時間差を設けて制御することで流動位置の適正化や変形の抑制などを行うシーケンシャル制御も行われています。

最近開発された新しい樹脂では、高充填のガラス繊維入り樹脂や流動性が悪い樹脂も多くなってきていますが、これらの流動性の悪い樹脂の射出成形でもバルブゲートが威力を発揮します。

ホットランナー技術は、当初はスクラップの最小化を目指す技術でしたが、最近では様々な技術需要に対応できる複合技術として進歩しています。

図 7-3-1　ホットランナー金型のしくみ

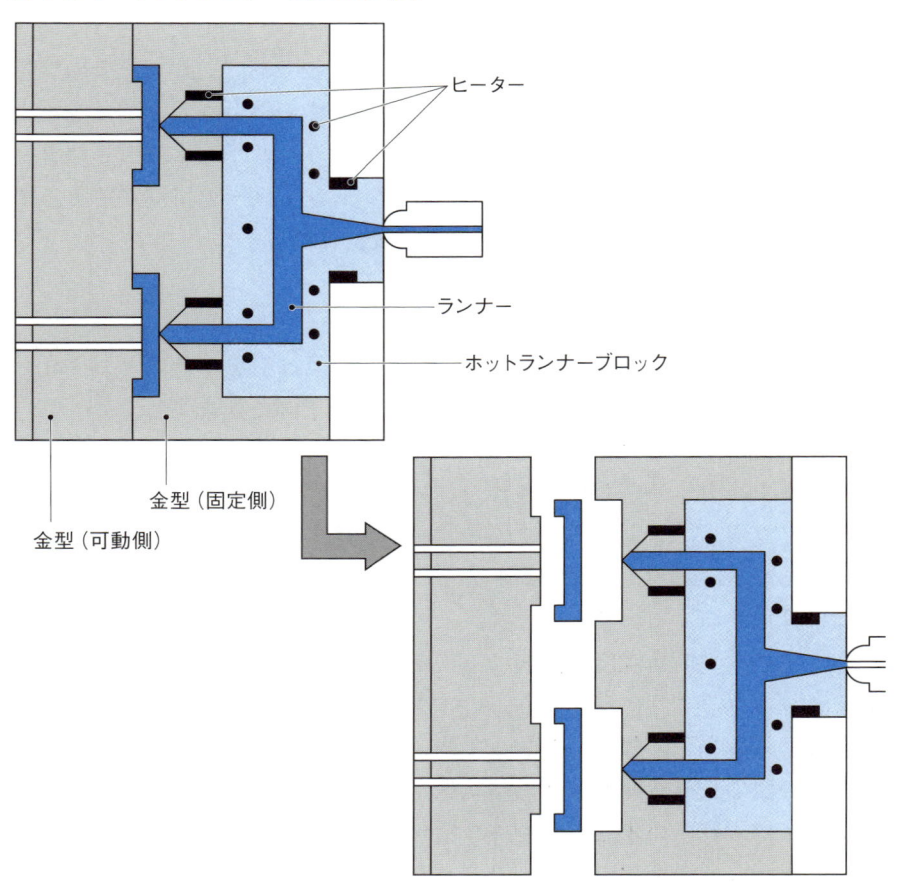

7-4 金型に使用される新技術② 樹脂圧力センサと樹脂温度センサ

●金型にかかる樹脂充填の圧力

　プラスチック用射出成形金型では、溶融したプラスチック（樹脂）を金型のキャビティ内部へ充填しますが、実は、樹脂の流動抵抗は想像以上に大きく、一般に充填させるための圧力は30～40MPa（300～400kgf/cm^2）にもなります。必要以上に高い圧力で充填させてしまうと、金型はあまりの高圧によって部品が割れたり、変形したりしてしまいます。

　実際に金型の内部にかかる圧力をきちんと計測できれば、金型設計の際に材料力学で強度計算や変形計算をすることができますが、これまでは金型内の圧力を平易に計測することはなかなか困難でした。しかし、最近では金型内の樹脂圧力をセンサによって比較的簡便に、しかも精密に計測ができるようになってきています。図7-4-1に樹脂の挙動計測機器を示します。

●樹脂圧力センサ、樹脂温度センサ

　樹脂圧力センサを用いると、金型の中でどのように樹脂が流動し、固化していくのかを、圧力波形の推移からかなり正確に予測できます。

　現在使用されている樹脂圧力センサには、ひずみゲージ方式と水晶圧電方式があります。センサから出力された信号をアンプで変換し、波形として表示されるソフトウエアも充実しています。樹脂圧力を監視して、成形品の品質の良否判別を成形加工のショットごとに行うインテリジェント選別も量産加工では採用が進んでいます。

　一方、金型内の樹脂温度を計測することによって、樹脂の固まり方を推測することができるようになってきています。射出成形では溶融状態の樹脂から金型の冷却能力により熱量を奪って固化させますが、熱量の奪い方によって、樹脂表面の結晶状態や表面層の状態が大きく変化することは、成形現場ではあまり知られていません。特殊な素材特性をもった樹脂の成形加工では、金型内の樹脂温度の変化を精密に計測することで品質の安定や不具合解決の

ヒントを得ることができます。

　これからの金型では、樹脂の圧力と温度を同時に計測し、経験と勘に依存することが多かった射出成形や金型設計をディジタルデータによって、より科学的に思考する技術が重要になってくるでしょう。

図7-4-1　金型内の樹脂の挙動計測機器類例

計測ソフト

圧力センサ

温度センサ

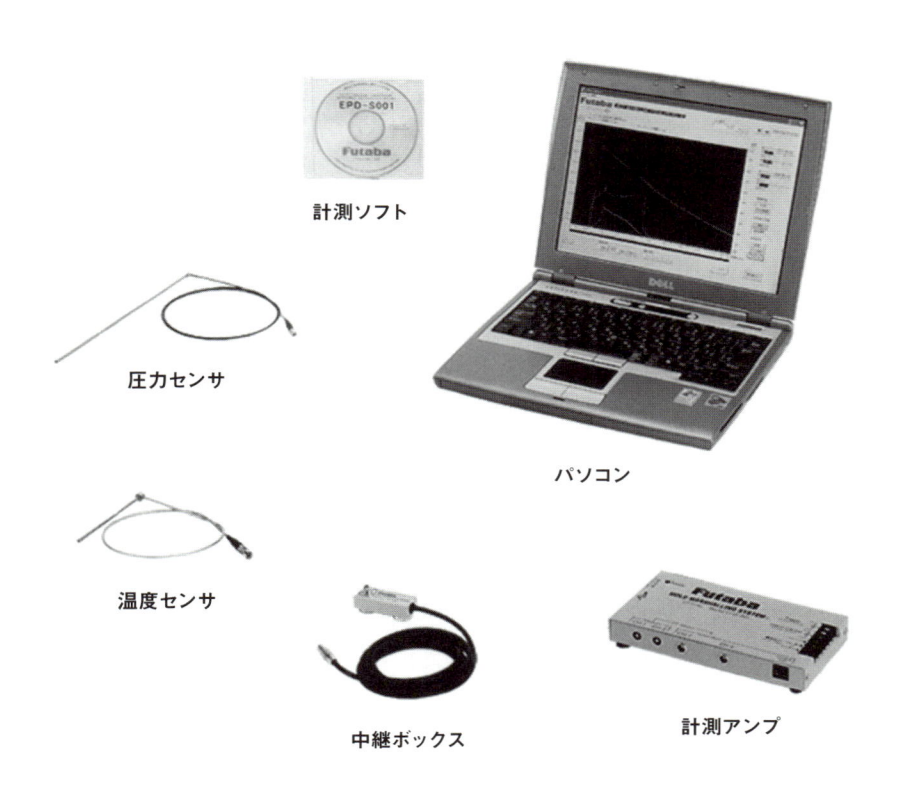

パソコン

中継ボックス

計測アンプ

（写真提供：双葉電子工業㈱）

7-5 金型に使用される新技術③ 超臨界微細発泡成形

●プラスチック成形品の重量

　プラスチック射出成形法は、プラスチック（樹脂）を自由な形状に変形加工するために一度溶かしてから金型の中へ流し込んで、冷却してから成形品を取り出す生産方法です。この製法でつくられた成形品の断面は、固体であって密度がしっかりした組成になっています。つまり、成形品の比重は樹脂の比重そのものであり、重量が重い成形品にできあがっています。

　プラスチック成形品には、発泡成形という製法もあります。これは発泡スチロールやスポンジをつくる製法で、発泡剤という薬剤を樹脂に混ぜて成形することで、泡が形成されて低密度で軽量な成形品を得ることができます。しかし、発泡スチロールなどは、軽くて柔らかいという特徴がありますが、強度が低くなりすぎてしっかりした強さが求められる部品には、そのまま使うことができません。また、燃焼処理した場合には発泡時に使用した薬剤も一緒に燃焼されて、環境に優しいとはいいにくい点があります。

●超臨界微細発泡成形

　プラスチック部品の強度を維持したまま軽量化する成形法として、超臨界微細発泡成形法（図7-5-1）という方法がアメリカで発明されました。マサチューセッツ工科大学教授であったSuh.N.P博士が、窒素や二酸化炭素を超臨界状態で溶けたプラスチックに混合させて射出成形すると、金型の中で成形品の表層（スキン層）は固体状態で固まるが、内層部（コア層）は微細な発泡が無数に形成されて、しかも泡は独立していて隣の泡とくっついて大きな泡にはならない、3層構造の成形品をつくる方法を見つけました。

　この方法により、重量は普通のプラスチック射出成形品の8〜12%程度軽量化され、強度の低下は最小限に抑えることができるようになりました。発泡に使用するガスは、窒素か二酸化炭素なので、自然環境の汚染には影響がありません。また、流動性が向上するためソリッド成形の2〜3倍も遠く

へ流動させることができます。さらに、内部からの微細発泡によって成形品のそりや変形、凹みを解消できるうえ、断熱性能や遮音性能が向上するといったユニークな特徴があります。

この製法は、現在すでに身近な製品にたくさん採用されています。例えば、ドイツ製自動車の内層部品やプリンタの構成部品、コンテナ、食品容器、断熱シートなど多岐にわたります。最先端分野では、人体の外科手術で体内に埋め込む治療器具にも微細発泡の特徴が医学的に適しているということから採用が進められています。

この製法を実施するためには、専用の射出成形機が必要になり、金型のつくり方にも独特の知恵を盛り込む必要があります。現在、Trexel,Inc. 社（米）が MuCell Ⓡ の商標で技術を提供しています。

図 7-5-1　超臨界微細発泡成形法

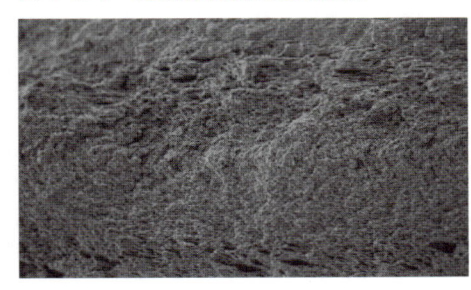

超臨界微細発泡成形品の断面構造

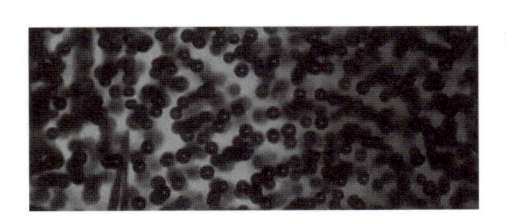

金型内での発泡開始の様子

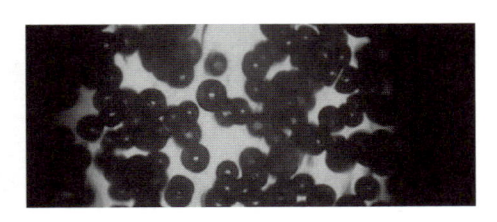

金型内での発泡成長の様子

用語索引

ア行

ISM	50
IPF	20
亜共析鋼	134, 135
圧印加工	32
圧空成形	12, 52
圧空成形金型	52
圧縮型（圧縮加工金型）	23, 24, 32
アップカット	118, 119
鋳型	16, 18, 36, 38
石型	22, 23, 36
鋳物	10, 22, 36, 37, 38, 39, 40, 41
インジェクション法	42, 43
ウェルドライン	74, 75, 89
NC加工	120
NCプログラム	80, 82, 85, 100, 101, 120, 121
NPE	20
FEM	77
円筒研削	128, 129
応力誘起マルテンサイト変態	145
オーステナイト組織	134, 135, 145
押し込み加工	32
押し出し成形	11, 54, 55
押し出し成形金型	54
押し出しダイ	54
オレンジピール	136

カ行

回転工具	112, 113
過共析鋼	134, 135
加工誘起マルテンサイト変態	135
カシメ	24, 26
カセット金型	97
型彫り放電加工	124, 125, 149
金型強度解析	72, 73, 76, 77
金型構造設計	92, 94
金型重力鋳造法	40
金型設計	58, 59, 68
金型冷却解析（冷却解析）	72, 73, 79, 90
ガラス用金型	12, 16, 18, 23, 25, 50, 170
ガラス用プレス成形金型	51
ガラス用ブロー成形金型	51
加硫	42
機械構造用鋼	136, 137
CAE	70, 71, 72, 73, 75, 79, 84, 85, 87, 88, 89, 90, 106
CAD	66, 67, 68, 70, 71, 82, 83, 84, 85, 86, 87, 88, 90, 92, 94, 98, 100, 102, 107, 108, 126
キャビティ（cavity）	23
キャビティーションエロージョン	164
CAM	80, 82, 83, 84, 85, 94, 100, 101, 104, 105, 106, 107, 121
共析鋼	134, 135
クラック	26, 162, 163
クリアランス	26, 27

K	20
研削加工	110, 111, 112, 113, 128
コア（core）	23
高強度鋼板	60, 61
工具鋼	136, 137, 138, 139, 140, 141
工程設計	58, 59
後方押し出し加工	32, 33
コールドチャンバーダイカスト（コールドチャンバー方式）	40, 41
コールドランナー	46, 47
刻印加工	32, 33
ゴム成形	16, 17
ゴム成形用金型（ゴム用金型）	23, 25, 42
コンプレッション法	42, 43

サ行

サーフェースモデル	82, 83
再絞り率	30, 31
サブゼロ処理	144
3次元切削	114, 115
残留オーステナイト	135, 144, 145, 148
CSG	83
CNC工作機械（CNC）	80, 82
CNC制御装置	85, 100, 101
cBN	56, 128, 154, 155
CVD	148, 150, 152, 170
シェルモールド法	38, 39
しごき加工	32
絞り加工	30
絞り型（絞り加工金型）	23, 24, 30, 31, 171
絞り率	30, 31
充填解析	90
樹脂圧力センサ	180
樹脂温度センサ	180
樹脂流動解析	72, 73, 74, 75, 79, 87, 88, 89
順送金型（順送型）	14, 25
初期検討	86, 87
除去加工	110, 111, 112
真空成形	11, 12, 52, 53
真空成形金型	23, 52, 53
スエージング	32
据込み加工	32
ステンレス鋼	54, 80, 134, 136, 137, 142, 143, 144
砂型	22, 23, 36, 37, 38, 40
スプリングイン	28, 29
スプリングバック	28, 29, 66, 67
スラリー	38, 39
成形シミュレーション	66, 67
成形収縮現象	92, 93
成形品基本図設計	92, 93
生分解性プラスチック（バイオプラスチック）	49, 176, 177
析出硬化鋼	136, 137
接合加工金型	24
切削加工	14, 56, 80, 110, 111, 112, 113, 114, 124, 128, 129
切削油剤	118
繊維配向解析	90
せん断	11
せん断面	26, 27
前方押し出し加工	32, 33
塑性変形	10, 11, 24, 26, 34
ソリッドモデル	82, 83
そり変形解析	90

タ行

ダイ（die） …………………………… 22
ダイカスト法
　（ダイカスト）…………… 40，160，170
ダイカスト用金型……… 18，23，25，40
　　　　　　　　　112，160，161，162
　　　　　　　　　164，165，171，172
ダイフェース………………………… 66，67
ダウンカット……………………… 118，119
多軸マシニングセンタ………………………132
ダレ……………………………………… 26，27
単工程型………………………………………… 24
弾性変形………………………………………… 26
鍛造（鍛造加工）………… 10，12，34
　　　　　　　　　　　　　168，169，170
鍛造型（鍛造用金型）… 10，18，23，25
　　　　　　　　　　　　　　34，35，171
鍛造用工具鋼……………………… 168，169
炭素鋼………………………… 10，136，137
窒化処理（窒化）………………142，148
　　　　　　　　　　　　　　150，151，170
鋳造…… 10，16，18，22，36，37，38
鋳造用金型（鋳造型）… 10，23，25，40
鋳造用金型（鋳造用模型）… 16，18，36
鋳鉄………………………………… 48，134，137
超硬合金………… 46，56，112，124，126
　　　　　　　　　　128，136，137，158
超臨界微細発泡成形……………… 182，183
TRD ……………………………………… 170，171
DLC ……………………………152，153，172
テーパ加工……………………………………126
鉄―炭素系状態図……………… 134，135
砥石車…………………………………… 128，129
特殊鋼………… 46，48，136，137，138
トランスファー型………………………………… 24

トランスファ法……………………………… 42
トリム……………………………………… 64，65
ドロー……………………………………… 64，65

ナ行

ならし加工…………………………………… 32
ニアネットシェイプ……………………… 168
2次元切削………………………… 114，115
抜き角度………………………………… 87，93
抜き型（打ち抜き加工金型）……… 23，24
　　　　　　　　　　　　　　26，27，126
熱可塑性樹脂……… 42，44，45，46，47
熱間鍛造…………… 10，34，168，169
熱間用工具鋼……………… 160，161，164
　　　　　　　　　　　　　　165，166，168
熱硬化性樹脂…………… 14，38，44，45

ハ行

パーティング面（PL面）………… 87，93
破断面…………………………………… 26，27
バリ………… 26，27，34，42，44，46
パリソン………………………………… 48，49
パンチ…………………………………… 22，23
ピアス…………………………………… 64，65
B-Rep ……………………………………… 83
PCVD ……………………………150，152，170
ヒートチェック… 162，163，164，172
PVD ……………………148，150，152，170
ヒケ………………………………………………… 74
非ステンレス系焼入れ―焼戻し鋼………142
ピックフィード…… 104，116，117，118
ファインブランキング型……………… 25
深絞り………………………………… 12，30，31
複合型……………………………………………… 25
部品図設計……………………… 92，94，95

フライス切削……………………… 114，115
プラスチック射出成形…………… 16，182
プラスチック用射出成形金型
　（射出成形金型）…………… 14，23，46
　　　　　　　47，84，96，178，180
プラスチック成形用工具鋼
　　　　　　　………………142，148，152
プラスチック用圧縮成形金型
　（圧縮成形金型）……………………23，44
プラスチック用金型
　（樹脂型用金型）…………… 16，23，25
　　142，145，150，152，153，170
プレス型（プレス用金型）………… 11，18
　　　　　　　23，24，25，26，28，30
　　　　　　　32，84，126，170，171
プレス成形…………………………… 12，66
プレハードン鋼………………………………142
ブロー成形…………… 11，12，48，49
ブロー成形金型（中空成形金型）… 23，48
粉末工具鋼……………………………156，157
平面研削………………………… 128，129
ベンド……………………………………64，65
保圧解析…………………………………… 90
放電加工………………… 110，111，112
　　　　　　　　　113，124，125，129
放電加工変質層……………………146，147
ボールエンドミル… 56，102，103，104
　105，114，115，116，117，128，132
ホットチャンバーダイカスト
　（ホットチャンバー方式）………… 40，41
ホットランナー…………… 47，178，179

マ行

曲げ型
　（曲げ加工金型）……… 23，24，28，29
マシニングセンタ（M/C）… 82，94，100
　　　　　　　　　　　102，122，123
めっき……………………………… 148，150
モールド（mold）…………………………… 22
モールドベース……………… 94，96，97
モジュール…………………………………… 18
モックアップ………………… 58，59，108
モデル設計…………………………………… 66

ラ行

ラピッドプロトタイピング… 22，39，108
冷間鍛造……………… 10，34，168，169
冷間用工具鋼…………… 154，155，156
　　　　　　　　　　　157，158，159
レーザ加工………………… 111，130，131
レジンサンド………………………… 38，39
ロストワックス法…………………… 38，39

ワ行

ワイヤーフレームモデル…………… 82，83
ワイヤカット放電加工……………126，127

■**参考文献**

『初めての金型技術』 松岡甫篁・小松道夫 工業調査会
『Face プラ型・ダイカスト型用標準部品 2001.4 → 2003.3』 ㈱ミスミ
『Face プレス金型用標準部品 2000.5 → 2002.4』 ㈱ミスミ
『フタバモールド金型用部品ブルーブック』 双葉電子工業㈱
『日本プラスチック工業総覧』 ㈳日本合成樹脂技術協会
『金型に関する研究開発助成成果論集第Ⅱ集』 ㈶金型技術振興財団
「2001年最新・日本の型技術情報85例」型技術,Vol.16,No.8(2001) 日刊工業新聞社
『プラスチック用金型製作の技術・技能マニュアル』 中小企業総合事業団
『プラスチック射出成形金型設計マニュアル』 小松道男 日刊工業新聞社
『イラスト射出成形アイデア活用術』 小松道男 工業調査会
「テラマック®技術資料」 ユニチカ㈱
「MAPKA 技術資料」 ㈱環境経営総合研究所
「N-PLAjet ®技術資料」 日精樹脂工業㈱
「WPC(Wood Plastic Composite)技術資料」 小松技術士事務所
「MuCell(微細発泡) の可視化」成形加工,Vol.22,No.2(2010) 大嶋正裕・小松道男
『高速ミーリングの基礎と実践』 松岡甫篁・安齋正博 日刊工業新聞社
「超高速切削加工技術の最新動向 第3回生産加工・工作機械部門講演会集(2001)」 松岡甫篁
「往復カッタ工具軌跡を用いる超高速ミーリング機の開発に関する研究 東京大学博士学位論文(1998)」 高橋一郎
「往復送りカッター工具軌跡を用いる超高速ミーリング機の開発 精密工学会誌(1999)」 高橋一郎・安齋正博・中川威雄
「日進工具技術資料」
「特殊鋼」Vol.59,No.6(2010)11 横田悦二郎
『100万人の金属学、基礎編』 幸田成康
M.Hansen:Constitution of Binary Alloys、McGRAW HILL Press(1958)
「結晶粒微細化技術」特殊鋼,Vol.57,No.2(2008)6 吉江淳彦
『金属便覧』 日本金属学会編
『JIS ハンドブック ①鉄鋼』 日本規格協会
「型技術者会議講演論文集(2007)14」 菅野利孟ほか
「鉄の歴史」ふぇらむ,Vol.8,No.7(2003)42 矢島忠正
「ウッデホルム技術資料(2007)」
「型技術」Vol.2,No.2(2011)83 日原政彦
「型技術」Vol.20,No.11(2005)11 日原政彦ほか
「特殊鋼」Vol.59,No.6(2010)47
『ステンレスのおはなし』 大山正他 日本規格協会
「ブラッシュウエルマン社技術資料(2008)」

「型技術」Vol.24.No.11(2009)26　日原政彦
「型技術」Vol.11,No.1(1996)63　新井透
「日本タングステン㈱技術資料(2010)」
「静岡県産業技術研究所講演資料(2008)」日原政彦
「型技術別冊(2005)83」　日原政彦
「素形材」Vol.47,No.2(2006)555　日原政彦
「住友電工㈱技術資料(2010)」
M.HIHARA:Thermomechanical Fatigue and Fracture,WIT press,(2002)287
「電気加工学会誌」Vol.36,No.82(2002)25　佐野正明ほか
『ダイカスト金型の寿命向上対策』　日原政彦　日刊工業新聞社
「ウッデホルム㈱技術資料(2008)」
「日本ダイカスト会議論文集　JD-04(1996)」　日原政彦ほか
「日本ダイカスト会議論文集　JD-06(1994)」　日原政彦ほか
「三菱製鋼技報」Vol.23,No.12(1989)33　志木実男ほか
「電気製鋼」Vol.71,No.2(2000)167　柳澤民樹ほか
「熱処理」Vol.29,No.4(1989)229　大和久重雄
NADCA:Product＃207(1997)
「第76回塑性加工学講座(1999)174」　濱崎敬一
「電気製鋼」Vol.78,No.4(2007)331　小森　誠
「熱処理」Vol.50,No.2(2010)90　川嵜一博ほか
「日本ダイカスト会議論文集(2010)9」　河田一喜
『金型高品質化のための表面改質』　安齋正博・日原政彦監修　日刊工業新聞社
R.Shivpuri:6th international Conference on Tooling.Sep.(2002)
J.Crummenauer:Heat Treating Progress,Jan/Feb(2004)54
「型技術者会議(2005)15」　虞　戦波ほか
「型技術者会議(2005)272」　花井正博ほか
M.HIHARA:Thermomechanical Fatigue and Fracture,WIT press,(2002)325
「電気加工学会誌」Vol.36,No.82(2002)25　佐野正明ほか
「熱処理技術協会『金型のートチェック研究部会』共同研究成果発表講演会(1995)170」
久保田普堪
「型技術」Vol.24.No.4(2009)18　日原政彦
「特許公開　No.2002-60845(2002)」　日原政彦ほか
『金型のしくみ』　堂田邦明　ナツメ社
『よくわかる金型のできるまで』　吉田弘美　日刊工業新聞社
『トコトンやさしい金型の本』　吉田弘美　日刊工業新聞社
『図解　金型がわかる本』　中川威雄　日本実業出版社
『よくわかる最新金型の基本と仕組み』　森重功一　秀和システム　　　　　　(順不同)

■**写真提供**
ブラザー工業株式会社
茨木市立文化財資料館
株式会社三井ハイテック
株式会社荏原精密
新越金網株式会社
有限会社角井製作所
社団法人日本建材・住宅設備産業協会
大同特殊鋼株式会社
株式会社牧野フライス製作所
YS電子工業株式会社
双葉電子工業株式会社
日進工具データ
株式会社アスペクト
GFアジエシャルミー
キタムラ機械株式会社
日本高周波鋼業株式会社
オリエンタルエンヂニアリング株式会社

■編者紹介
型技術協会

　型技術協会は、「型」を中心に、モノづくりにおける情報提供や技術交流を行うことを目的として、1986年に設立された。

　型専業メーカーをはじめ、自動車・電機などの型ユーザー、材料・工具メーカー、工作機械メーカー、システムメーカー、さらには大学・研究機関も加わり、産・学・公が広い範囲で参加している。

　型づくりに関する技術・研究・管理の論文発表や最先端技術の講演・討論のほか、型技術ワークショップ、海外視察・研修、「型技術」誌の編集も行っている。

■著者紹介
松岡甫篁（まつおかとしたか）

㈱松岡技術研究所　代表取締役　博士（工学）、技術士。型技術協会名誉会員。
【執筆担当：第1章、第4章、第7章、1章のコラム、3章のコラム】

青山英樹（あおやまひでき）

慶應義塾大学　教授　工学博士。型技術協会理事。
【執筆担当：第2章】

小松道男（こまつみちお）

小松技術士事務所　技術士。型技術協会正会員。
【執筆担当：第2章、第7章】

田岡秀樹（たおかひでき）

ホンダエンジニアリング㈱　執行役員。型技術協会副会長。
【執筆担当：第3章】

安齋正博（あんざいまさひろ）

芝浦工業大学　教授　工学博士。型技術協会副会長。
【執筆担当：第5章、2章のコラム、4章のコラム、5章のコラム、6章のコラム】

日原政彦（ひはらまさひこ）

九州工業大学　客員教授　工学博士、技術士。型技術協会正会員。
【執筆担当：第6章】

●装　　　丁　　中村友和(ROVARIS)
●作図&イラスト　下田麻美
●編　集&DTP　　ジーグレイプ株式会社

しくみ図解シリーズ
金型が一番わかる

2011年10月15日　初版　第1刷発行
2019年 4月20日　初版　第3刷発行

編　　者　型技術協会
発 行 者　片岡　巌
発 行 所　株式会社技術評論社
　　　　　東京都新宿区市谷左内21-13
　　　　　電話
　　　　　　03-3513-6150　販売促進部
　　　　　　03-3267-2270　書籍編集部
印刷／製本　株式会社加藤文明社

定価はカバーに表示してあります

本書の一部または全部を著作権法の定める範囲を超え、無断で複写、複製、転載、テープ化、ファイル化することを禁じます。

ⓒ2011　松浦甫篁、青山英樹、小松道男、
　　　　田岡秀樹、安齋正博、日原政彦

造本には細心の注意を払っておりますが、万一、乱丁（ページの乱れ）や落丁（ページの抜け）がございましたら、小社販売促進部までお送りください。　送料小社負担にてお取り替えいたします。

ISBN978-4-7741-4816-8 C3053
Printed in Japan

本書の内容に関するご質問は、下記の宛先まで書面にてお送りください。お電話によるご質問および本書に記載されている内容以外のご質問には、一切お答えできません。あらかじめご了承ください。

〒162-0846
新宿区市谷左内町21-13
株式会社技術評論社 書籍編集部
「しくみ図解シリーズ」係
FAX：03-3267-2271